内 容 提 要

是在能源结构转型大背景下，为应对电源侧大量风光发电资源的接入，电网传输和配送方式
户侧直流用电设备的增加，而研制的用于主动配电网的系统级解决方案。它主要依赖于多端
变压功能的关键设备——电力电子变压器，实现电压的变换、风光发电资源的灵活接入、交
互联以及为交流和直流负载的直接供电，同时还可灵活调节网络的潮流，提升电网的电能质

介绍了柔性变电站由前瞻性研究到示范项目的商业化运营过程中所涉及的理论与技术探讨，
的研究进展、设计基础、功能需求、概念设计方案，以及基于张北柔性变电站示范项目的可
计算、综合效益评价指标体系构建、评价模型构建、效益测算与灵敏度分析等内容。
事新型电力系统研究的科研、设计、制造、运行管理人员以及高等院校相关专业教师和学生

编目（**CIP**）数据

站可靠性分析及综合效益评价 / 周晖等著. —北京：中国电力出版社，2023.3
7-5198-7116-1

·· Ⅱ. ①周··· Ⅲ. ①变电所–研究 Ⅳ. ①TM63

图书馆 CIP 数据核字（2022）第 183967 号

中国电力出版社
北京市东城区北京站西街 19 号（邮政编码 100005）
http://www.cepp.sgcc.com.cn
高 芬 罗 艳（010-63412315） 邓慧都 王 磊
黄 蓓 李 楠
张俊霞
石 雷

北京九天鸿程印刷有限责任公司
2023 年 3 月第一版
2023 年 3 月北京第一次印刷
710 毫米×1000 毫米 16 开本
10.25
160 千字
0001—1000 册
88.00 元

U0161135

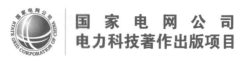

国家电网公司
电力科技著作出版项目

柔性变电站可

及综合

周 晖 张祥龙 肖
伍 迪 周方泽 刘

柔性变电站
的变化，以及用
口、具有变流及
直流网络的方便
量等。
　　本书系统地
包括柔性变电站
靠性分析建模
　　本书可供从
参考。

图书在版

柔性变电
ISBN 978

Ⅰ．①柔

中国版本

出版发行：
地　　址：
网　　址：
责任编辑
责任校对
装帧设计
责任印制

印　　刷
版　　次
印　　次
开　　本
印　　张
印　　字　数
印　　数
定　　价

中国电力出版社
CHINA ELECTRIC POWER PRESS

序

随着第四次能源革命时代的到来，全球对能源的利用方式发生了深刻的变化。习总书记提出的"四个革命"，即能源消费革命、能源供给革命、能源技术革命和能源体制革命，以及构建以新能源为主题的新型电力系统，对未来较长一段时间内中国能源行业的发展起着指引性的作用。

近年来，我国确定了"3060"双碳战略目标，风光等新能源在能源结构占比会逐年增高，到 2060 年非化石能源消费比重将达到 80%以上，由此改变当前能源生产结构。一方面存在风光发电出力的不确定性；另一方面市场经济导致用电的非计划性，再加上有交流、直流混合的电力传输方式，在这样的背景下，如何增强电网运行的灵活性，有利于不同类型的电源、负荷等的接入，并保证电网运行更为高效、经济，是电网研究人员和管理工作者需要解决的关键问题。

国家电网有限公司作为一家世界 500 强的企业，早在 2013 年就洞察到电网面临的新挑战，开展了一系列的前瞻性研究，确定了以柔性技术为主的技术路线，提出了电力电子化的电力系统这一新概念，并从配电网开展了包括张北小二台柔性变电站在内的示范工程试点，进而投入了商业化运行，取得了突破性的成果，为后续其他地区类似的工程项目提供了参考。

柔性变电站由当前的试点，到未来技术、管理的成熟，还有很长一段路要走。在这个过程中，更需要有一些愿意沉下心来的人，梳理在研究和建设中的得与失，与同行分享，使得这项全新的变电站技术更加具有实用性、倡导性。

北京交通大学周晖博士带领的团队，参与了国家电网有限公司以电力电子技术特征的变电站前瞻性项目，以及柔性变电站示范建设项目的研究，对国内外柔性变电站的研究现状、建设情况有较为全面的了解，也清楚在相关研究和建设过程中的关键问题，如柔性变电站接入配电网后的可靠性问题、柔性变电站建设效益评价问题等。

该专著应用可靠性理论，综合评价理论，结合柔性变电站示范工程的数据，开展了可靠性建模和综合评价建模，用量化的分析结果，回答业界最关心的问题。该专著理论结合实际，不仅适合于柔性变电站项目，所涉及的可靠性指标和综合经济技术指标变化分析的方法，还可为其他电网项目（如储能等）的接入分析提供参考。随着各类新设备、新技术的应用，电网的变化日新月异，电网的可靠运行与电网的经济效益仍然是电网最为关心的核心问题。因此，该专著更具有更广泛的适用性。

需要指出的是，由于该专著是基于首个柔性变电站前期建设开展的，存在数据收集等诸多困难，其研究结果有待于实践的进一步检验。但作为我国柔性变电站研究类的著作，融理论和实践为一体，是不可多得的尝试。它的出版，对于我国新型电力系统背景下电网建设与研究，无疑起到一定的推动作用。

世界电气与电子工程师学会会士（IEEE Fellow）
中国电机工程学会外籍会士
英国国家工程技术学会会士（IET Fellow）
华南理工大学教授、博士生导师

2023 年 2 月于华南理工大学

前言

　　变电站指的是电力系统中对电压和电流进行变换，接受电能及分配电能的场所，它主要包括母线、开关设备、控制终端、变压器等。变电站作为电力系统不可或缺的部分，与电力系统共同发展了100多年。在这100多年的发展历程中，随着发电技术、输变电技术、用电技术的发展，变电站在建造场地、电压等级、电气设备等方面都发生了巨大的变化。在变电站的建造场地方面，由原来的全部敞开式户外变电站，逐步出现了户内变电站和一些地下变电站，占地面积与敞开式户外变电站相比缩小了很多。在电压等级方面，随着电力技术的发展，由原来以少量110kV和220kV变电站为枢纽变电站，35kV为终端变电站的小电网输送模式，逐步发展成以330kV及以上电压等级的交流（直流）超高压、特高压变电站等为枢纽变电站，220kV和110kV变电站为终端变电站的大电网输送模式。随着电动汽车、分散式发电等设备在电网的接入，区域电网新型供、输、配电模式得以发展，在配电网方面，也由原来的单一辐射型交流配电网向交直流混联、互联的方向发展，以满足配电网的发展趋势。在电气设备方面，一次设备由原来以敞开式的户外设备为主，逐步发展到气体绝缘金属封闭开关设备（Gas-insulated Metal-enclosed Switchgear，GIS）和混合式气体绝缘金属封闭开关设备（Hybrid Gas Insulated Metal-Enclosed Switchgear，HGIS）；二次设备由早期的晶体管和集成电路保护，发展到微机保护、网络保护。在变电站运行管理方面，由有人值守到无人值守，逐步实现了运行的远程监控，由综合自动化变电站（简称综自变电站）向智能变电站方向过渡。

　　随着电源侧光伏、风电等发电设备的大量接入，需求侧直流用电设备的增加，"网随源动，网随荷动"，电网的形态也随着发生变化，无论是输电网还是配电网，交流网络和直流网络在未来相当长一段时间内将并存。在这种情况下，不仅源侧交流输出或直流输出，与直流电网或交流电网连接时，需要进行交流/直流或直流/交流变换；而且荷侧的交流输入或直流输入，与直流电网或交流电网相连时，同样需要 DC/AC 或 AC/DC 变换。如此一来，电网在每一个需要交流或直流变换的地方都需要一个变换装置，电网结构变得十分复杂，控制更为困难，由于变换所产生的损耗也不容忽视。

站在电网的角度，充分发挥变电站在输配电过程中的配置作用，将传统电力变压器的 AC/AC 电压转换功能进行扩展，采用新型电力电子变压器，实现交流和直流的灵活变换，不仅解决了混合交直流电网的互联以及功率的传输问题，还可以利用变电站的直流母线或交流母线，分别通过出线或进线连接直流设备或交流设备，实现"即插即用"，简化了网络结构，减少了大量分散的转换设备，从而实现降低网络损耗、提高运行可靠性等目的。

正是基于这一设想，国网经济技术研究院有限公司于 2013 年成立课题组开展下一代变电站的前瞻性研究，基于电网所面临的新形势以及电力电子技术的进展，提出了用于 10kV 和 110kV 两个电压等级配电网的电力电子变电站设计方案。该课题历经两年多的时间，到 2016 年，电力电子变电站技术方案得到国网科技部的认可，并选择在张北开展柔性变电站的示范工程建设项目，联合国网冀北电力有限公司、国网智能电网研究院有限公司、国网经济技术研究院有限公司、华北电力大学、北京交通大学等多个单位共同攻关。

该项目的综合效益以及可靠性得到业内专家和领导的高度重视。为此课题组对项目关键问题进行深入地分析与探讨，最终以数据作支撑、以系统理论为指导，构建了综合效益分析模型，并给出了仿真分析结论。

承蒙以中国电力出版社罗艳、高芬老师为核心的团队，发现了课题组所做工作的创新性，积极策划，鼓励我们参与 2019 年国家电网公司电力科技著作出版项目申报，并以出版人专业视角，对选题和内容的组织严格把关，从而使得本书在高手云集的竞争中，有幸得到各位评审专家的肯定而得以胜出。深感任务艰巨，一直不敢动笔，一方面埋头夯实理论基础；另一方面时刻关注柔性变电站技术的新进展。时至今日，"丑媳妇也得见公婆"，希望我们的工作能为未来电力电子化的电力系统发展带去思考和启发，更希望与业界的同仁交流探讨，为新技术的应用贡献菲薄力量。

本书由北京交通大学的周晖、周方泽、从黎、胡顺威、伍迪、李景航，国网经济技术研究院有限公司的张祥龙、肖智宏，以及国网智能电网研究院有限公司的刘海军、李卫国共同编写。其中，第一章由刘海军、李卫国、周晖编写，第二章由肖智宏、周晖、伍迪编写，第三章由张祥龙、从黎、周晖编写，第四章由胡顺威、周方泽、周晖编写，第五章由胡顺威、周方泽、周晖编写，第六章由从黎、李景航、周晖编写。全书由周晖和周方泽统稿。

在本书的编写过程中，华北电力大学的张东英教授和北京交通大学的吴学智教授对全书进行了仔细的审阅，提出了许多宝贵的修改意见。中电普瑞科技有限公司的查鲲鹏总经理，华北电力大学的牛东晓教授、李金超副教授一直关心著作的编写，也对本书提出了许多宝贵意见。本书以《新一代智能变电站的电力电子技术方案研究》和《柔性变电站示范工程综合效益评价研究》[国家电网有限公司重大科技项目（5205A016002）《柔性变电站成套设计技术研究及设备研制》的子课题]两个课题的研究为基础，2013～2021 年，我的多位研究生以及本科生都参与完成了大量工作，包括王洪彬、王欣星、张伟、曾乐宏、伍迪、从黎、李景航、刘桢、宋慧、韩安、周方泽、陈智楷、杨子幸、李召岩、刘李、史文韬、张涛瞻、盛若男等，学院领导王健强对工作给予了有效指导，我的同事吴学智老师、王玮老师、游小杰老师、郭芳老师、孙丙香老师、刘慧娟老师等也给予了无偿帮助。此外，我的同学戴秋华、李磊、张弘、雷为民、刘文辉、颜秋容、李勇、高岚、陈树勇，校友李少辉、王在东、徐志杰、李广波等，国网浙江省电力有限公司舟山供电公司的钟宇军、李晨、刘黎，中国电力科学研究院有限公司的李新年，中电普瑞电力工程有限公司的李冰，北京许继电气有限公司的艾克宝，保定天威集团变压器有限公司的米占军，金凤科技股份有限公司的刘芳、武志伟，北京首创生态环保集团股份有限公司刘万添，北京节能环保中心电力需求侧管理部刘安，《柔性变电站成套设计技术研究及设备研制》课题组中其他单位的成员，如国网冀北电力有限公司的赵敏和华北电力大学的张东英、李猛等，以及给予调研支持的西电济南变压器股份有限公司、国网大连供电公司、中国电力科学研究院有限公司仿真中心、中电普瑞科技有限公司、思源电气股份有限公司、北京电力电子学会等，每一步推进，都离不开大家的鼎力帮助，在此一并表示衷心的感谢。书中参考了同行的一些研究成果，在此也表示感谢。

本书的出版得到了国家电网公司科技著作出版项目基金的资助，在此深表感谢。

受作者水平所限，不足之处恳请读者批评指正。

周晖

2022 年 10 月 22 日北京交通大学红果园

英文缩写列表

英文缩写	英文全称	中文全称
PET	Power Electronic Transformer	电力电子变压器
SST	Solid State Transformer	固态变压器
IT	Intelligent Transformer	智能变压器
SD	System Dynamics	系统动力学
DC	Direct Current	直流电
AC	Alternative Current	交流电
IGBT	Insulated-Gate Bipolar Transistor	绝缘栅双极型晶体管
GTO	Gate Turn-Off Thyristor	门极可关断晶闸管
BJT	Bipolar Junction Transistor	双极性晶体管
MOS	Metal-Oxide-Semiconductor	金属–氧化物半导体
FET	Field-Effect Transistor	场效应晶体管
PWM	Pulse Width Modulation	脉冲宽度调制
MCT	MOS Control Thyristor	MOS 控制晶闸管
IGCT	Integrated Gate-Commutated Thyristor	集成门极换流晶闸管
PIC	Power Electronic Integrated Circuit	电力电子集成电路
FACTS	Flexible AC Transmission Systems	柔性交流输电系统
SVC	Static Var Compensator	静止无功补偿器
STATCOM	Static Synchronous Compensator	静止同步补偿器
SSSC	Static Series Synchronous Compensator	静止串联同步补偿器
TCSC	Thyristor Controlled Series Capacitor	晶闸管控制串联电容器
UPFC	Unified Power Flow Controller	统一潮流控制器
HVDC	High Voltage Direct Current	高压直流输电
PCC	Phase Control Converter	相控变流器

英文缩写	英文全称	中文全称
VSC	Voltage Source Converter	电压源变流器
CP	Custom Power	用户电力
DFACTS	Distributed Flexible AC Transmission Systems	配电网柔性交流输电系统
DVR	Dynamic Voltage Restorer	动态电压恢复器
SSCB	Solid State Circuit Breaker	固态断路器
FCL	Fault Current Limiter	故障限流器
CLD	Current Limiter Device	电流限制器
PTC	Positive Temperature Coefficient	正温度系数
MTBF	Mean Time Between Failures	平均无故障时间
UPQC	Unified Power Quality Conditioner	统一电能质量调节器
SMES	Superconducting Magnetic Energy Storage	超导磁储能
SCR	Silicon Controlled Rectifier	可控硅整流器或晶闸管
MTO	MOS Controlled GTO	MOS 可关断晶闸管
IPM	Intelligent Power Module	智能功率模块
LPT	Light Punch Through	薄穿透
RC-IGBT	Reverse Conduction IGBT	反向导通型 IGBT
RB-IGBT	Reverse Block IGBT	反向阻断型 IGBT
Trench FS-IGBT	Trench Field Stop—IGBT	沟槽场阻型 IGBT
CSTBT	Carrier Stored Trench Bipolar Transistor	载流子储存槽栅双极型晶体管
Hi GT	High Conductivity IGBT	高电导率 IGBT
IEGT	Injection Enhanced IGBT	注入增强型 IGBT
SVG	Static Var Generator	静止无功发生器
UPS	Uninterruptible Power Supply	不间断电源
GTR	Giant Transistor	巨型功率晶体管
TPEC	Two-Way Power Exchange Control	双向功率交换控制
DG	Distributed Generation	分布式发电
CRG	Collected Renewable Generation	集中式可再生能源发电

英文缩写	英文全称	中文全称
MESS	Mass Energy Storage System	集中式储能系统
DESS	Distributed Energy Storage System	分散式储能系统
BN	Bayesian Network	贝叶斯网络
CDSM	Clamp Double Sub-Module	钳位双子模块
MMC	Modular Multilevel Converter	模块化多电平换流器
MTTR	Mean Time to Repair	平均修复时间
HBM	Half Bridge Sub-Module	半桥子模块
PARP	Parts Press Analysis Reliability Prediction Method	部件应力法
PCRP	Parts Count Reliability Prediction Method	部件计数法
ISOP	Input Series Output Parallel	输入串联输出并联
SAIFI	System Average Interruption Frequency Index	系统平均停电频率指标
SAIDI	System Average Interruption Duration Index	系统平均停电持续时间指标
CAIFI	Customer Average Interruption Frequency Index	用户平均停电频率指标
CAIDI	Customer Average Interruption Duration Index	用户平均停电持续时间指标
ASAI	Average Supply Availability Index	平均供电可用度指标
ENS	Energy not Supplied	总电量不足
AENS	Average Energy not Supplied	平均电量不足
DGI	Distributed Grid Intelligence	分布式电网智能
CPT	Conditional Probability Table	条件概率表
MOV	Metal Oxide Varistor	金属氧化物压敏电阻
SFD	Stock Flow Diagram	栈流图
SSTS	Solid-State Transfer Switch	固态切换开关
SSCL	Solid-State Current Limiter	固态电流限制器
SSFCL	Solid-State Fault Current Limiter	固态故障电流限制器
UCA	Utility Communication Architecture	设备通信协议体系

英文缩写	英文全称	中文全称
EMC	Electro Magnetic Compatibility	电磁兼容
ASUI	Average Supply Unavailability Index	平均供电不可用率
GIS	Gas-insulated Meta-enclosed Switchgear	气体绝缘金属封闭开关设备
HGIS	Hybrid Gas Insulated Metal-Enclosed Switchgear	混合式气体绝缘金属封闭开关设备

Contents 目录

1　柔性变电站的设计基础与需求分析

　　未来新型变电站的设计，需要考虑新技术所引发的电力装备的变化，以及变电站所在电网所面临的新需求。本章首先梳理了电力电子技术的发展历程，分析了该技术的应用优势以及研究进展；其次根据智能电网建设及其电网形态的变化，分析了当前变电站所面临的问题以及新的功能需求；接着，分析了变电站中主要电力电子设备，如固态变压器、固态断路器、故障限流器的研制情况；最后介绍了国内外电力电子变电站的研究进展。

1.1　国内外电力电子技术发展研究现状

1.1.1　电力电子技术的发展历程

　　电力电子技术，顾名思义，就是应用于电力领域的电子技术。它主要是指应用电力电子器件对电能进行变换和控制的技术，它所变换的电力功率可以大到数百 MW 甚至 GW，也可以小到数 W 甚至是 mW。

　　其中，电力变换通常分为四大类，即：

　　（1）交流变直流（AC—DC，常称之为整流）。

　　（2）直流变交流（DC—AC，常称之为逆变）。

　　（3）直流变直流（DC—DC，常称之为直流斩波）。

　　（4）交流变交流（AC—AC，可以是交流电力控制，也可以是频率或相数的变换）。

完成以上电力变换，称之为变流，其中，DC 指的是直流（Direct Current），AC 指的是交流（Alternative Current）。

如果没有晶闸管、电力晶体管、绝缘栅双极型晶体管（Insulated-Gate Bipolar Transistor，IGBT）等开关器件，也就没有电力电子技术。因此电力电子器件的发展，对电力电子技术的发展起着决定性作用，图 1-1 展示了电力电子技术的发展历程。

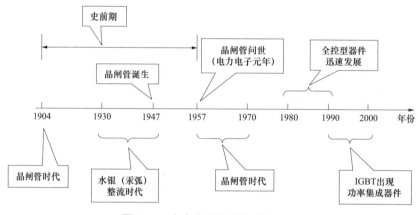

图 1-1　电力电子技术的发展历程

1957 年美国通用电气公司研制的第一个晶闸管，一般被认为是电力电子技术诞生的标志。电力电子技术的概念和基础，就是基于晶闸管及晶闸管变流技术的发展而确定的。晶闸管是指通过门极的控制，能够使其导通而不能使其关断的器件，属于半控型器件，其控制方式主要是相位控制方式，称之为相控方式。

20 世纪 70 年代，以门极可关断晶闸管（Gate Turn-Off Thyristor，GTO）、双极性晶体管（Bipolar Junction Transistor，BJT）和电力场效应管（Power Metal-Oxide-Semiconductor Field-effect Transistor）为代表的全控型器件迅速发展。这些器件属于全控型器件，其特点是通过对门极的控制，既可以使其开通又可以使其关断，且开关速度高于晶闸管。与晶闸管电路的相位控制方式相对应，全控型器件电路的控制方式为脉冲宽度调制（Pulse Width Modulation，PWM），有时也称之为斩波控制方式。

20 世纪 80 年代后期，以 IGBT 为代表的复合器件异军突起，它属于全控型器件，是 MOSFET 和 BJT 的复合，故兼具两种器件的优点，如驱动功率小、开关速度快、通态压降小、载流能力大、可承受电压高等。与 IGBT 相对应的，MOS 控制晶闸管（MOS Control Thysistor，MCT）和集成门极换流晶闸管（Integrated Gate-Commutated Thyristor，IGCT）是 MOSFET 和 GTO 的复合，综合了 MOSFET 和 GTO 的优点，因此 IGCT 等器件得到了发展。

为使电力电子装置的结构紧凑、体积缩小，接着出现了驱动、控制、保护电路和电力电子器件集成在一起的电力电子集成电路（Power Electronic Integrated Circuit，PIC）。随着电力电子集成技术的发展，混合集成技术（即把不同的单个芯片集成封装在一起）、系统集成技术以及为减少开关损失的软开关技术，都是电力电子技术发展的新方向。

1.1.2　电力电子技术的应用优势

电力电子技术是综合了电子技术、控制技术和电力技术而发展起来的应用性很强的新型学科，电力电子技术于电力系统的应用优势主要体现在以下两个方面：

（1）各种控制器具备控制的灵活性、精确性，能完成对电力系统的控制，提高电力系统运行的可靠性。

（2）各种产品可以实现轻型化、标准化，具有省材、省地、降耗、可靠性高等优点。

正是由于电力电子技术是电力（强电）与电子（弱电）技术的融合，在电力系统的发电、输电、配电、储能、用电各环节均得到了广泛的应用，体现出该技术强大的应用优势。

（1）发电环节。电力电子技术可应用于发电环节，主要包括：

1）大型发电设备的静止励磁控制。基于电力电子的励磁控制器结构简单，可靠性高，造价低，调节速度快，具有先进的控制规律，控制效果好。

2）水力、风力发电机的变速恒频励磁。水力、风力发电为获得最大有效功率，需要机组变速运行。变频电源通过调整转子励磁电流的频率，使其与转子转速叠加后保持定子频率恒定，从而保证输出频率恒定。

3）发电厂风机、水泵的变频调速。发电厂的厂用电率平均为 8%，而风机水泵的耗电量约占火电设备总耗电量的 65%，且它们的运行效率低。而采用变频调速技术，可达到节电的目的。

4）太阳能光伏发电控制系统。应用具有最大跟踪功率的逆变器可将太阳能电池阵列输出的直流电转换为交流电。

（2）输电环节。电力电子技术应用于输电环节，主要包括：

1）柔性交流输电。柔性交流输电系统（Flexible AC Transmission Systems，FACTS）融合了电力电子技术与现代控制技术，利用其控制器可以对电力系统的结构参数（如线路的阻抗）及运行参数（如电压、相位角、功率潮流）进行连续调控，从而大幅降低输电损耗，提高输电能力以及系统稳定水平。

FACTS 控制器有数十种之多，常用的包括静止无功补偿器（Static Var Compensator，SVC）、静止同步补偿器（Static Synchronous Compensator，STATCOM）、静止串联同步补偿器（Static Series Synchronous Compensator，SSSC）、晶闸管控制串联电容器（Thyristor Controlled Series Capacitor，TCSC）、统一潮流控制器（Unified Power Flow Controller，UPFC）等。这些控制器通过快速、精确、有效地控制电力系统中一个或几个变量（如电压、功率、短路电流、励磁电流等），增强交流输电或电网的运行性能。

2）高压直流输电。在高压直流输电（High Voltage Direct Current，HVDC）系统中，将直流输电线路首、末端接入晶闸管相控整流和有源逆变器，也称为相控变流器（Phase Commutated Converter，PCC），实现直流输电。相比于交流输电，高压直流输电具有以下优点：① 相同电压等级和导线截面下的输出极限功率大，无电抗压降，无稳定问题；② 传送相同的功率时，损耗小、压降小、线路投资低。

新一代的 HVDC 采用 GTO 和 IGBT 等关断元件及脉宽调制技术，可省去换流变压器，使大中型直流输电工程在较短的输送距离时具有竞争力，其优点有：① 采用可关断电力电子器件，可避免换相失败，对受端系统的容量没有要求；② 可用于向孤立小系统（如海上石油平台、海岛）、城市配电系统供电，也可接入燃料电池、光伏发电等分布式电源。

之后出现的柔性直流输电，采用 IGBT 等可关断电力电子器件组成的换流器及脉宽调制技术实现无源逆变，即电压源变流器（Voltage Source Converter，VSC），其优点有：① 可向无交流电流的负荷点送电；② 可大幅度简化设备，占地少，造价低，损耗小。

（3）配电环节。用户电力（Custom Power，CP）技术是电力电子技术和现代控制技术在配电系统中的应用，它和 FACTS 技术是电力电子技术快速发展的姊妹篇，两者的共同基础是电力电子技术，各自的控制器在结构和功能上也相同，但两者的控制对象不一样，CP 主要用于配电环节的供电可靠性及供电质量的提高。目前两者已逐渐融合，形成配电网柔性交流输电系统（Distributed Flexible AC Transmission Systems，DFACTS）。典型的 CP 控制产品包括动态电压恢复器（Dynamic Voltage Restorer，DVR）、固态断路器（Solid State Circuit Breaker，SSCB）、故障限流器（Fault Current Limiter，FCL）、统一电能质量调节器（Unified Power Quality Conditioner，UPQC）等。

（4）储能环节。将双向变流器或电力电子变换器连接在输电/配电系统与储能系统之间，可取得以下效果：

1）通过对储能系统在不同时间进行储能和发出电能，让发电机组经济地发电，或通过平衡高峰与低谷用电期的功率需求，节省装机容量。

2）在电力系统遭受扰动后，通过吸收或输出较大的功率来提高暂态稳定性。

3）可在用户侧安装超级电容或超导磁储能（Superconducting Magnetic Energy Storage，SMES）的动态电压补偿器，解决瞬间电压扰动对负载的危害，且保证故障时用电不间断。

4）可屏蔽电压波动、频率波动、高次谐波等连续扰动，保证对负荷的供电质量；对于重工业及暂态系统用户的非线性负荷、波动和冲击负荷，SMES 可起到补偿和隔离作用，使电网的电能质量不受影响。

（5）用电环节。在用电环节应用电力电子技术可取得以下效果：

1）使风机和泵类设备调速运行，耗电量比传统的节能方式约少 30%。

2）可对交流机车进行变频调速，应用于城市电车、工矿电机车和电瓶车调速运行。

3）可应用于大批轧钢、电焊、电镀和电解电源中，实现提高用电效率的目的。

基于电力电子技术的各种控制器，在控制动态电力系统的各个环节，都有它的用武之地。随着智能电网的建设、电源形式的多样化、用电需求的多样化，各种新的应用场景不断涌现，电力电子技术除在传统的电力系统中有诸多应用，还在其他领域有新的拓展，如电动汽车、微网技术等，电力电子技术的各类应用场景见图 1-2。

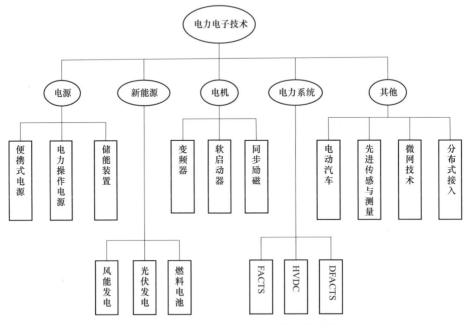

图 1-2　电力电子技术的各类应用场景

需要指出的是，电力电子技术已经进入高频化、标准模块化、集成化和智能化时代。由已有的理论和实践证明，主要由磁性材料组成的变压器等电气设备的体积与质量，与其所使用频率的平方根成反比。因此，频率的提高，对设备的制造材料、运行节能以及系统性能的改善有着直接的影响。此外，硬件结构采用标准模块，使得产品系统化，保证了其一致性和可靠性。

1.1.3　电力电子技术的研究进展

电力电子技术的发展，与半导体材料和电力电子器件的研制水平密切相关，也与电力电子设备及其系统的不断创新密切相关，还与它在各个行业的规模化应用密切相关。

1.1.3.1　在半导体材料与器件方面的进展

电力电子器件是基于半导体材料制作而成的，它包括功率半导体分立器件、模块和组件，是电力电子技术的核心和基础。器件是推动电力电子设备和系统、应用和产业持续发展的关键要素，每一次新型电力电子器件的诞生，在工业界往往都会掀起一场革命的高潮。

（1）功率半导体器件的要求。一种理想的功率半导体器件，应当具有理想的静态特性和动态特性，主要包括：① 在阻断状态时，能承受高电压；② 在导通状态时，具有高的电流密度和低的导通压降；③ 开关状态在这两个状态之间转换时，开关时间短，能承受高的 di/dt 和 dv/dt，具有低的开关损耗，并具有全控功能。

（2）功率半导体器件的进展。正如 1.1 中所述，电力电子器件发展经过几个阶段的更新换代，其性能指标及其应用场景也发生了变化，体现在：① 早期的晶闸管 SCR 主要用在牵引变流器等场合；② 之后出现的 GTO 成了大功率变流器首选，其额定电压达 4.5kV，开关频率约为500Hz；③ 随后出现的IGBT 以及 ICBT，它们的额定电压可达 3.3kV，开关特性得以提高，开通和关断损耗都相对较低，开关频率的范围宽，为 1～3kHz；④ 2005 年以后以晶闸管为代表的半控型器件，功率水平达到 7×10^7W，额定电压已达到 9kV。与此同时，全控型大功率器件也同样得到了发展，当前功率半导体器件的功率、开关频率综合指标基本稳定在 $10^9 \sim 10^{10}$W·Hz，已逼近了由于寄生二极管制约而能达到的材料极限。

图 1-3 展示了当前主流厂家（如 ABB、三菱 Mitsubishi、富士 Fuji、三社 SanRex、塞米格 Semikron、西码 Westcode、欧洲电力电子公司 Eupec 等）大功率半导体器件（如 SCR、GTO、IGBT、IGCT）的额定电压与电流特性，由此可以看出这些大功率器件工作时电流、电压参数的差异。

大功率半导体器件的分类方法很多，按照功率、电流电压来分，可分为超大功率晶闸管、集成门极换流晶闸管、MOS 可关断晶闸管、绝缘栅双极型晶体管、改进优化型 IGBT 五类。

1）超大功率晶闸管。超大功率晶闸管包括晶闸管（Silicon Controlled Rectifier，SCR，也称为可控硅整流器）和门极可关断晶闸管（GTO）。

a. 晶闸管（SCR）。晶闸管自问世以来，其功率容量已提高了 3000 倍，最大功率等级达到 12kV/6kA。晶闸管采用光触发，易于串联连接。但晶闸管不能自关断，只能靠电路本身将电流置零，故在关断时需要消耗大量的无功功率。随着自关断器件的飞速发展，晶闸管的应用领域有所缩小。但由于它具有高电压、大电流的特性，以及具有极低的导通损耗和相当低的成本的优点，在高压直流输电、静止无功补偿、大功率直流电源、超大功率和高压变频调速的应用方面，仍然占有十分重要的位置。

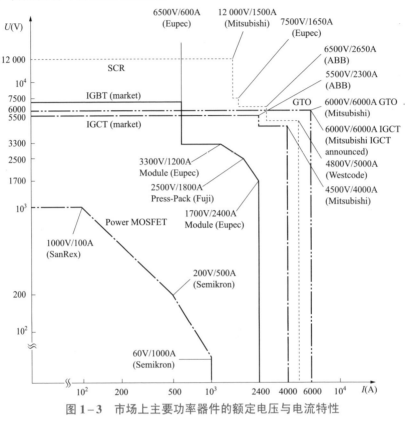

图 1-3　市场上主要功率器件的额定电压与电流特性

　　b. 门极可关断晶闸管（GTO）。GTO 最早是 1982 年由日立公司首次研发出来的，当时 GTO 的电压、电流为 2.5kV/1kA，目前许多生产商均可提供额定开关功率为 36MVA（6kA/6kV）的高压大电流 GTO。早期的 GTO，为了折中其开通和关断的特性，其关断增益只有 3～5，关断期间的 $\mathrm{d}v/\mathrm{d}t$ 被限制为 500～1000V/μs。由于吸收电路体积大、质量大、价格昂贵，且门极驱动电路复杂，所需驱动功率也较大，但其高导通电流密度、高阻断电压、阻断状态下高 $\mathrm{d}v/\mathrm{d}t$ 以及可以在内部集成一个反向并联二极管等优点，使得它仍在高电压、大功率牵引、工业和电力逆变器中应用最为普遍。后来出现的 6 英寸 6kV/6kA 以及 9kV/10kA 的 GTO，采用了大直径均匀结技术和全压接式结构，并通过少子寿命控制技术折中了导通电压和关断损耗两者之间的矛盾。由于 GTO 具有门极全控功能，在许多领域逐步取代 SCR。为了满足电力系统对 1GVA 以上的三相逆变功率电压源的需求，10kA/12kV 的 GTO 已开发出来，还可以实现十多个高压 GTO 的串联。

2）集成门极换流晶闸管（IGCT）。IGCT 是替代常规 GTO 的新型全控型器件，与常规 GTO 相比，IGCT 具有不用缓冲电路即可实现可靠关断，存储时间短，开通能力强，关断门极电荷少，以及包括所有器件和外围部件、含阳极电抗器和缓冲电容等在内的应用系统总功率损耗低等优点。

由于 IGCT 具有损耗低，开关速度快，内部机械部件极少，因此其成本低，结构紧凑，当用于 300kVA～10MVA 变流器时，不需要串联或并联。如采用串联，逆变器的功率可扩展到 100MVA，故 IGCT 是用于大功率、高电压、低频变流器的优选功率器件。需要指出的是，由于 IGCT 门极驱动电路中包含了很多驱动用的 MOSFET 和储能电容器，故门极驱动功率消耗比较大，对系统的总效率有影响。

3）MOS 可关断晶闸管。与 IGCT 相比，MOS 可关断晶闸管（MOS Controlled GTO，MTO）去除了 IGCT 驱动电路中所需的大量 MOSFET 和很多储能电容器，这些 MOSFET 被集中到功率器件内部。MTO 外部门极驱动电路的元件更少，且不需要 IGCT 门极驱动电路中的反偏电源，故器件的可靠性更高，关断性进一步提高，其关断延迟极短。

4）绝缘栅双极型晶体管（IGBT）。自 1985 年绝缘栅双极型晶体管进入实际应用之后，它已成为功率半导体器件的主流，在 10～100kHz 的中电压、中电流应用范围内，占有十分重要的地位。IGBT 及其智能功率模块（Intelligent Power Module，IPM）已经涵盖了 600～6.6kV 电压范围和 1～3500A 电流范围，基于 IGBT 模块的 100MW 级的逆变器也已商业化。

作为一种电压全控型器件，IGBT 的开通和关断可以通过门极驱动实现，故其驱动方式相对比较容易，并且门极驱动功率低。其最大优点在于它无须缓冲电路就能工作，并具有限制短路电流的能力。尽管在硬开关下，IGBT 具有较高的开关损耗，但与带缓冲电路的 GTO 变流器相比，IGBT 变流器的功率密度更高，成本更低。

IGBT 通常被封装成模块形式，这种结构使 IGBT 模块只能采用单面冷却，增大了在大电流下器件损坏的可能性。现已开发出陶瓷封装的双面制冷模块，使得它同晶闸管和 GTO 一样可靠。

大功率 IGBT 模块具有一些优良的特性，如能实现 di/dt 和 dv/dt 的有源控制、抑制瞬间短路电流保护和有源保护等。但是其高的导通损耗、低的硅有效面积利用率和损坏后会造成开路等缺点，限制了大功率 IGBT 模块在大功率变流器中的实际应用。

随着 IGBT、功率 MOSFET、智能功率模块的发展，中功率电力电子装置的功率密度已得到了显著的提高，见图 1-4。

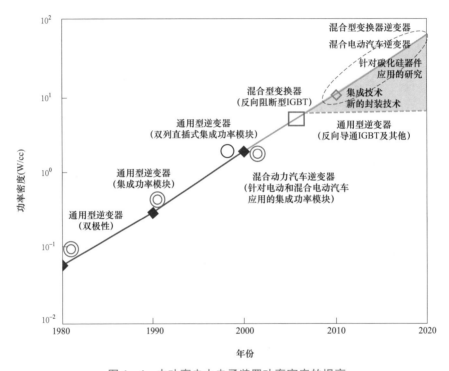

图 1-4　中功率电力电子装置功率密度的提高

从图 1-4 可以看出，各类逆变器由 1980 年的双极性通用逆变器到之后的集成功率模块通用逆变器、双列直插式集成功率模块通用逆变器、反向导通及其他通用逆变器、混合电动汽车逆变器等，功率密度由 1980 年不到 0.1W/cc 增加到将近 100W/cc。

其中，反向导通型 IGBT（Reverse Conduction IGBT，RC-IGBT）和反向阻断型 IGBT（Reverse Block IGBT，RB-IGBT）在中小功率应用场合具有良好的应用前景；尤其是 RB-IGBT 的反向阻断能力强，特别适合矩阵变流器等需要双向开关的应用场合。

5）改进优化型 IGBT。在 IGBT 的基础上，着眼于改进优化器件结构，如德国英飞凌公司的沟槽场阻型 IGBT（Trench Field Stop IGBT，Trench FS-IGBT）、三菱公司的载流子储存槽栅双极型晶体管（Carrier Stored Trench Bipolar Transistor，CSTBT）、日本东芝的高电导率 IGBT（High Conductivity IGBT，Hi GT）和注入增强型 IGBT（Injection Enhanced IGBT，IEGT），它们主要着眼于降低集电极注入效率和提高发射极注入效率。这些改进的 IGBT 在结构上对 IGBT 有不同程度上的优化，实现了较低的饱和压降，同时又具有 IGBT 固有的优点，如采用无吸收电路的硬开关以保证有宽的安全工作区，此外还具有低的栅极驱动功率和较高的工作频率；采用平板压接式电极引出结构，其可靠性更高。

一般母线直流电压超过 3kV，近些年 4.5kV 的也有应用，IGCT 和 MTO 是大功率变流器的首选。而母线电压低于 3kV 的应用中，IGBT、IEGT 模块则具有优势。特别是 IGBT 在短路时的电流限制能力，对变流器具有很大的吸引力。需要指出的是，以硅材料作为基础的传统半导体器件，功率半导体器件的功率频率乘积和相应半导体材料极限见图 1-5。

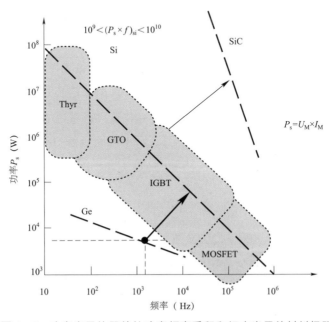

图 1-5　功率半导体器件的功率频率乘积和相应半导体材料极限

（3）我国电力电子器件的生产情况。我国传统型晶闸管类电力电子器件的电压等级和电流容量不断扩展，品种不断增加，产业结构趋向合理，应用面不断扩大。晶闸管类器件产业成熟，种类齐全，质量可靠，能满足国内的需求。5 英寸 7.2kV/3kA、技术水平居世界前列的 6 英寸 8.5kV/4kA～4.75kA 电控晶闸管和 5 英寸 7.5kV/3.125kA 光控晶闸管实现了产业化，已经用于高压直流输电和无功补偿等领域。

目前国际上功率半导体器件的主流产品、市场需求量较大的高频场控器件 IGBT，已经发展到第 6 代，商业化已经发展到第 5 代。IGBT 及其模块（包括 IPM）已经涵盖了 600V～6.5kV 的电压和 1～3500A 的电流，应用 IGBT 模块的 100MW 级的逆变器也已有产品问世。

对于 IGBT 这个我国在 1999 年之前尚不能制造的行业，已经有所突破，已经解决了 IGBT 芯片"有和无"的问题，现在在解决 IGBT 芯片"多和少""优和好"的问题。经过近 20 年的努力，我国从芯片设计到芯片封装以及测试的完整产业链，正在逐渐形成。600V/1200V、100A 的 IGBT 芯片在多家企业进入量产阶段，1700V、100A 的 IGBT 芯片已研发成功，进入中试阶段。

此外，IGBT 模块的封装技术也上了一个大台阶，国产品牌正在形成，已逐步与国际品牌展开竞争态势。大多数企业能完成小功率 IGBT 的封装，但只有少数企业形成产业规模，而且在 IGBT 的产业化以及高压大功率 IGBT 的封装方面，几乎是空白。IGBT 模块所用的芯片主要由英飞凌、ABB 和国际整流器公司（International Rectifier，IR）提供，只有少量的芯片由国内提供。

采用 IGBT 模块所制造的装置，如动车组的变频器、风力发电的变流器、光伏发电的逆变器、高压风机水泵的变频器、不间断电源（Uninterruptible Power Supply，UPS）、静止无功发生器（Static Var Generator，SVG，也称高压动态无功补偿发生装置或静止同步补偿器）、高频电焊机等都已批量生产，得到广泛应用，有的已替代进口产品。

国产 IGBT 特别是 600、1200V 平面非穿通型器件在消费电子市场有所突破，在电磁炉、微波炉和变频空调等家电领域应用步伐加快。

1.1.3.2 在电力电子设备和系统方面的研究进展

（1）电力电子技术发展时代。

经过 20 世纪 60、70 年代以晶闸管进行整流的工频时代、到 80、90 年代以 0～100Hz 巨型功率晶体管（Giant Transistor，GTR）、GTO 为主角的变频调速、高压直流输出、静止无功补偿等中低频范围应用的逆变器、变频器时代，再到 80、90 年代以功率 MOSFET 和 IGBT 为代表，集高频、高压和大电流于一身的功率半导体复合器件，进入以高频技术处理问题的现代电力电子时代，电力电子技术的发展方向是从以低频技术处理问题为主的传统电力电子，向以高频技术处理问题为主的现代电力电子方向转变。电力电子技术的发展先后经历了整流器时代、逆变器时代和变频器时代，电力电子技术发展时代及其特点见表 1-1。

表 1-1　　　　　　　　　电力电子技术发展时代及其特点

时期	主要器件	主要应用及特点
整流器时代	大功率硅整流管 晶闸管	高效变换工频交流电为直流电
逆变器时代	大功率晶闸管 巨型功率晶体管、门极可关断晶闸管 门极集成换向晶闸管	实现整流和逆变 工作频率较低且仅局限在中低频范围内
变频器时代	绝缘栅双极型晶体管 金属－氧化物半导体场效晶体管	具备了高频处理技术 向复合化、模块化和绿色化方向发展

1）整流器时代。在整流器时代，大功率的工业用电由工频（50Hz）交流发电机提供，但是大约 20% 的电能是以直流形式消费的，其中最典型的是电解（如有色金属和化工原料电解）、牵引（包括电气机车、电传动的内燃机车、地铁机车、城市无轨电车等）和直流传动（如轧钢、造纸等）三大领域。大功率硅整流器能够高效率地把工频交流电转变为直流电，故在 20 世纪 60 年代和 70 年代，大功率硅整流管和晶闸管的开发与应用得以很大发展。当时我国曾经掀起了一股全国各地大办可控硅（当时普通晶闸管 SCR 的叫法）的热潮，几百个可控硅制造厂在全国各地出现，国内现存的大大小小的制造硅整流器的半导体厂家基本就是那个时代的产物。

2）逆变器时代。20 世纪 70～80 年代，交流电机变频调速因节能效果显著而得以迅速发展和普及，变频调速的关键技术是将直流电逆变为 0～100Hz 的交流电。因此，大功率逆变用的晶闸管 SCR、巨型功率晶体管 GTR 和门极可关断晶闸管 GTO 成为当时电力电子器件的主角。这时的电力电子技术已经能够实现整流和逆变,但工作频率较低,仅局限在中低频范围内。

3)变频器时代。20 世纪 80 年代末~90 年代初,以功率 MOSFET 和 IGBT 为代表的集高频率、高电压和大电流于一身的功率半导体复合器件相继问世,首先是功率 MOSFET 的问世,导致了中小功率电源向高频化发展,而后绝缘栅双极型晶体管 IGBT 的出现,又为大中型功率电源向高频发展带来机遇。MOSFET 和 IGBT 的相继问世,是传统电力电子向现代电力电子转化的标志。

(2)我国电力电子设备和系统方面的研制情况。我国高压变频器制造技术水平和应用范围与发达国家的距离正在缩小,活跃在我国市场上的国产品牌占 70%左右,占 25%市场份额,高压变频器的市场主要为内资企业占有。中低压变频器早已规模化生产,由于缺乏技术优势,市场主要被国外公司占有。国产厂商在中小功率的风机水泵节能应用中大显身手,在大功率应用中也已经取得突破,在电力、水泥等行业中已经取得了 70%以上的市场份额,并且有进一步加大的趋势。

1.2 电网的形态变化及功能需求

1.2.1 智能电网建设及其形态的变化

1.2.1.1 智能电网建设及其部署

智能变电站的建设,是我国智能电网的一部分,并随着我国智能电网的建设部署同步进行。2009 年 5 月,国家电网公司制定建设"坚强智能电网"的公司战略,各项工作得以逐步推进。其中所制定的坚强智能电网建设"三步走"方针,一直指导着国内电力工业的发展与建设。坚强智能电网建设"三步走"方针的时间节点以及工作的主要内容如下:

第一阶段为规划试点阶段(2009~2010 年),重点开展坚强智能电网的发展规划工作,制定技术标准和管理规范,开展关键技术研发和设备的研制,开展各环节的试点工作。

第二阶段为全面建设阶段（2011～2015 年），初步建成坚强智能电网，加快特高压电网和城乡配电网建设，初步形成智能电网运行控制和互动服务体系，关键技术和装备实现重大突破和广泛应用。

第三阶段为引领提升阶段（2016～2020 年），全面建成统一的坚强智能电网，使电网的资源配置能力、安全水平、运行效率以及电网与电源、用户之间的互动性显著增强。

电力电子变压器作为配电网建设中的关键设备，可以引领提升配电网的运行管理水平，因此在 2013 年的下一代变电站前瞻性研究项目中，把基于电力电子技术的变电站作为可选方案之一。

1.2.1.2 未来电网的形态变化及特征

长期以来，电网形态是采用交流方式。但随着我国一条条远距离直流输电线路的投运，无数学者、专家开始思考与探索这样一个问题："未来的电网是怎样的一个形态？"，在 2013 年 4 月 25～26 日召开的"第二届中国电力发展和技术创新院士论坛"会议上，周孝信院士给出了独特的看法。他认为："以大规模利用可再生能源和智能化为特征的第三代电网，也就是广义的智能电网的发展和建设，正在拉开序幕。"

所谓第三代电网，指的是大型集中式和分布式能源发电相结合，骨干电网与地方电网、微电网相结合的综合能源管理系统。其主要特征是具备智能的电网控制保护系统、自愈能力较强、智能型调度、主动型用电、供电可靠性大幅提高、基本排除用户的意外停电风险、适应可再生能源出力变化、具备可持续性，从而达到可靠、友好、灵活、经济高效的目标。

（1）可靠。可靠主要指的是电网中采用新技术、新材料、新工艺、新型设备，借助层次化保护、云计算和物联网技术的智能保护控制系统，能为电网提供"从上至下"的全面系统防护功能，使得供电可靠性大幅提高。

（2）友好。友好指的是电网可以适应可再生能源电力变化，实现"即插即用"，保证新能源能良好地接入；同时满足用户广泛参与电网调节的需要，向用户提供综合的能源和信息服务，从而实现需求侧的响应。

（3）灵活。灵活指的是依托一体化信息平台，可以实现全网的信息交互流畅，可以实时监测分析线路、站点、电源、用户的信息，灵活调整控制和运行方式。

（4）经济高效。经济高效指的是能源利用、设计、建设、生产运行以及维护等各个环节对于资源、材料、人力、物力、财力的节省。如在能源的选择环节，提高可再生能源的利用；在设计环节，在满足可靠性的基础上，减少冗余设计；在建设环节，省地、省材料、省工时，选择能耗低的设备；在生产运行环节，合理安排调度方式；在系统维护环节，采用在线监测等手段，减少不必要的维护，以达到经济高效的目的。

纵观世界电力工业的发展史，第一代电网、第二代电网各花了 50 年的时间。故周孝信院士初步推测：第三代电网目标的实现也要 50 年。即在未来 40 年，我国电网发展要完成第二代电网向第三代电网的过渡，逐步实现大型电源与分布式电源相结合、骨干电网与微电网相结合的电网格局，这是未来电网的趋势。表 1-2 展示了三代电网主要特征的比较。

表 1-2　　　　　　　　　　三代电网主要特征的比较

主要特征	第一代电网	第二代电网	第三代电网
单机容量	100～200MW 以下	300～1000MW 以上	超临界，超超临界
电压等级	220kV 及以下	330kV 及以上	特/超高压，直流
保护	简单	快速	智能综合
调度	经验型	分析型	智能型
用电	被动	被动	主动
可靠性	低	较高	高
经济性	差	较强	强
资源配置能力	低	较强	超强
电网规模	小 独立电网	较大 区域联网	大 全国联网
CRG/DG 比重	低	低	较高

注　CRG 指集中式可再生能源发电，DG 指分布式能源发电。

因此专家们认为，中国未来的电网结构将是多层次的交/直或直流环形结构，如图 1-6 所示。

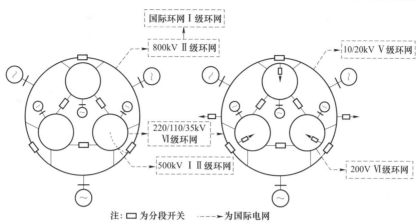

注：□ 为分段开关　------>为国际电网

图 1-6　中国未来多层次交/直或直流环形电网结构

在图 1-6 展示的电网结构中，共分为六个层次，包括广域大电网、区域电网、地区电网、局域电网、局部配网和终端配网。

这六个层次的电压等级依次由高到低，实现电源侧向用户侧过渡。其中，双向功率交换控制（Two-Way Power Exchange Control，TPEC）装置可以方便地接入各种电源和负荷，在不同环形母线之间实现功率输送或双向功率交换，见图 1-7。

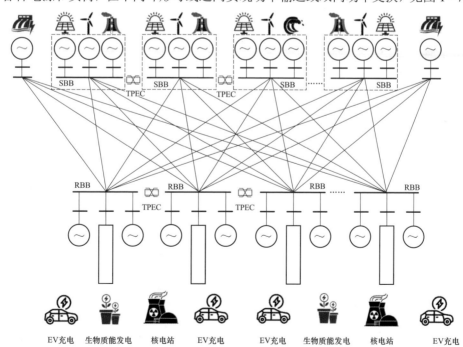

图 1-7　各种能源和负载接入的电网形态

TPEC—双向功率交换控制装置；SBB—超级母线；RBB—环形母线

根据我国能源和负荷的分布特点，我国大电网将呈现四个形态：

（1）第一个形态是送电规模巨大，东部地区的能源消费总量增长仍然很快，这就要求实现较大的送电规模。

（2）第二个形态是远距离输电，输电距离大多数为 1000～3500km。

（3）第三个形态是跨大区、大容量、接续式交直流混合输电。

（4）第四个形态是大规模的新能源接入电网，包括集中开发的新能源接入和分布式能源的接入。

可以看出，配电网作为大电网的一部分，其形态变化与特征是相似的，如交直流混合接入可再生能源，目前有两大类：一种是交流子网与直流子网基本相互独立，只通过高压侧或低压侧交流母线耦合；另一种形态是直流子网与交流子网多端互联。交流子网与直流子网相互独立的混合形态和多端互联的混合形态分别见图 1－8 和图 1－9。

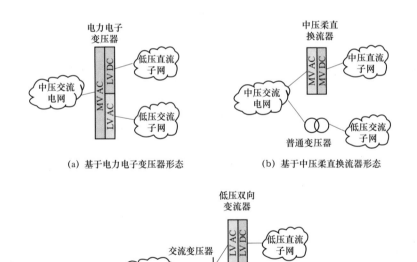

（a）基于电力电子变压器形态　　（b）基于中压柔直换流器形态

（c）基于低压双向变流器形态

图 1－8　交流子网与直流子网相互独立的混合形态

图 1－8（a）为基于电力电子变压器形态，中压交流电网通过电力电子变压器不同端口连接低压交流子网、低压直流子网，在中压侧交流母线耦合。

图 1-8（b）为基于中压柔直换流器形态，中压交流电网通过中压柔直换流器连接中压直流子网，通过普通变压器连接低压交流子网。图 1-8（c）为基于低压双向变流器形态，中压交流电网首先通过交流变压器降压，再通过低压双向变流器连接低压直流子网，并与低压交流子网在低压侧耦合。

在图 1-9 中，交直流系统之间通过互联变流站进行连接，整体的运行控制有赖于各种电力电子变换器，包含承担交直流系统之间潮流控制的互联变流站，以及完成不同直流电压等级转换的 DC/DC 变换器。

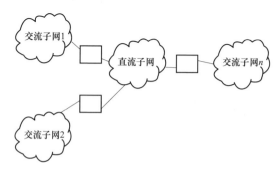

图 1-9　交流子网与直流子网多端互联的混合形态

1.2.1.3　储能装置对电网运行的重要性

由于电网中具有间歇性的可再生能源、分布式能源，且在电源结构中所占比重逐渐增大，为了充分利用这些资源，储能系统的建设非常关键。借助于储能系统在时空的可调节特性，可以起到如下作用：

（1）实现电网削峰填谷，降耗增效，从而减少和缓解输电、变电、配电设施的投入。

（2）可以有效兼容分布式发电（Distributed Generation，DG）或集中式可再生能源发电（Collected Renewable Generation，CRG）等间歇性电源对电网的冲击，提高电网的安全稳定性和需求侧用户电力可靠性，提高电能质量。

（3）可以参与频率调节、出力优化调配等。

图 1-10 列出了储能装置在电网中的装设位置，其中 MESS（Mass Energy Storage System）为集中式储能系统，DESS（Distributed Energy Storage System）为分散式储能系统。

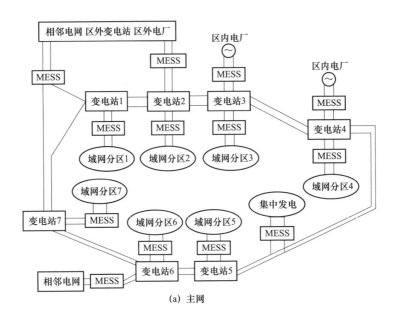

(a) 主网

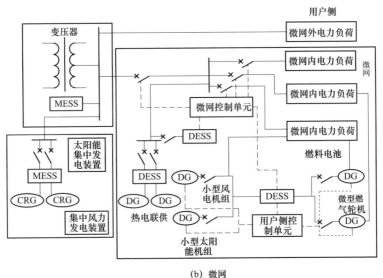

(b) 微网

图 1-10 储能装置在电网中的装设位置

1.2.2 现阶段电网存在的问题及未来智能变电站的功能需求

1.2.2.1 现阶段电网存在的问题

现阶段的电网与目标中要建成的电网还存在着一定的差距,其中突出的问题表现在以下几个方面：

（1）变电站的占地多、损耗大。层次化的电网结构是实现电压由高变低的一个过程。那么在变压过程中，大量使用的变压设备，是否存在用地更少、自身损耗更低的变压器？

（2）变压器输出方式单一。由于未来的电网有可能会朝着直流系统演变，除了采用现有的换流技术以外，是否还存在既能变压，又能灵活地输出直流和交流的新设备？

（3）多个控制系统混杂。面对大量的可再生能源接入所造成的电能质量下降问题、系统稳定问题以及用户侧的功率因数低问题、谐波严重问题，是否有这样一个控制装置，能统一对其进行控制与处理？

（4）优化控制难以实现。当储能设备成为电网中必不可少的部分时，如何把对它的控制纳入统一控制器中，从而变一个个分散控制为集中控制，从而达到系统地协调控制的目的？

以上这些问题可以归结为两个问题，即：

（1）新型变压设备、控制设备是否能研制，并生产出来。

（2）如何将这些新型的设备，安装到电力系统中，与其他设备配合，发挥其效用，最后满足变电站运行的需要。

1.2.2.2　未来智能变电站的功能需求

变电站作为电网中一个重要环节，由变压器、母线、断路器和隔离开关，以及计量和控制用互感器、仪表、继电保护装置和防雷保护装置、调度通信装置等组成，有的还装有无功补偿设备。传统变电站主要功能有：① 与主网切断或接通；② 改变或者调整电压；③ 接受和分配电能、控制功率的流向等。

在智能电网中，要实现对变电站运行数据的采集以及节点电压和线路功率的控制，只有加强变电站的建设，才能满足智能电网运行的需要。

智能变电站作为衔接发电、输电、变电、配电、用电和调度六大环节的关键，是坚强智能电网建设中实现能源转换和控制的核心平台之一，也是实现风能、太阳能等新能源接入电网的重要支撑。

变电站历经数字化建设、智能化建设，在控制的灵活性、设备的远程监测、信息的共享互动等方面，已经为智能电网的运行奠定了一定的基础。根据未来电网的发展趋势，其最大的特点在于电源的多元化、交/直流功率传输、所带负载的多样化、增加储能环节等。

变电站在电网构架中的位置见图 1-11。

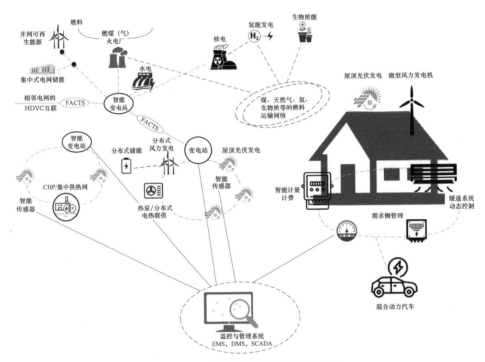

图 1-11　变电站在电网构架中的位置

从图 1-11 中看出，在未来智能电网中，不同位置的变电站所承担的任务不尽相同。如位于输电系统的变电站，其主要作用是与各种电源相连以及电网互联；位于微电网的变电站，其主要作用是与分布式能源相连接；位于配电网的变电站，实现输电网与用电系统的电能分配与连接。

智能电网对变电站的要求更高，要求连接更方便，运行更灵活。归纳以上所述，未来变电站除了具备上述传统变电站三大功能以外，还需要具有以下功能：① 能输出直流与电压的转换；② 能接受可再生能源、分布式能源以及电动汽车等接入；③ 能实现功率的控制；④ 能完成对电能质量的控制；⑤ 完成对储能装置的控制，成为供储控制分中心。

传统变电站和未来变电站的功能比较见表 1-3。

表 1-3 传统变电站和未来变电站的功能比较

序号	功能	传统变电站	未来变电站
1	变压/调压	√	√
2	电能分配	√	√
3	与系统断开与接入	√	√
4	无功补偿	√	√
5	DG/CRG 接入		√
6	DC 输出		√
7	功率因数的控制		√
8	电能质量的控制		√
9	储能装置的控制		√

显然，无论是原有的综合自动化变电站，还是现在的智能变电站，还不能完全实现这些新功能。为此，未来变电站的设计，就必须针对电网面临的新问题加以重新思考与定位。

从某种意义上来讲，未来变电站，不再仅仅是电压变化、电能分配的场合，而且是电网中的一个电能变换与控制分中心，对局部区域的电能的输出形式（直流/交流）、电能的接入（DG/CRG，储能）以及电量（电流/电压，相位角）进行控制。

正是由于未来电网模式的变化，要求作为关键支撑环节的未来新型变电站必须适应其发展需求。未来新型变电站将采用高度集成、自动诊断、自动隔离、自动重构、免维护的智能设备，通过物联网、云计算搭建站内全景信息平台和调度深度系统控制，实现电网灵活可控，友好互动，更安全、更可靠、更优质、更高效、更节约、更环保，满足变电站多元化服务需求、经济社会发展和资源与环境约束的要求，最终具备自愈性、安全性、兼容性、共享性、互动性和经济性"六性"的特征。

（1）自愈性。未来新型变电站应能针对多种新能源形式和控制设备带来的随机性，提供更强的应对能力，具有故障诊断、隔离及自动重构功能，具有基于故障在线监测与诊断、新型继电保护及广域后备保护、故障后恢复策略寻优等功能，且支持电网具备极强的自愈功能。

（2）安全性。未来新型变电站应能更好地对人为或自然发生的扰动做出辨识与反应，在自然灾害、外力破坏和计算机攻击防护等不同情况下保证人身、设备和电网的安全。

（3）兼容性。未来新型变电站应既能适应大电源的集中接入，也能对分布式发电方式友好接入，做到"即插即用"，支持风电、太阳能等可再生能源的大规模应用，满足电力与自然环境、社会经济和谐发展的要求。

（4）共享性。未来新型变电站应能够精确高效集成、共享与利用各类信息，实现电网运行状态及设备的实时监控和电网优化调度。

（5）互动性。未来新型变电站应能够满足用户对电力供应开放性和互动性的要求，实现与客户的智能互动，以友好的方式、最佳的电能质量和供电可靠性满足客户的需求，向客户提供优质服务。

（6）经济性。未来新型变电站应支撑电网系统灵活调度与控制，实现最大的经济性，实现碳排放的最低值。

1.3　变电站主要电力电子设备的研制情况

变电站是电力系统中变换电压、接受和分配电能、控制电力流向和调整电压的电力设施，主要由变换电压的变压器，开闭电路的开关设备，汇集电流的母线，计量和控制用互感器、仪表、继电保护装置和防雷保护装置、调度通信装置等组成，有的变电站还有无功补偿设备。其中，应用电力电子技术的设备有变压器、断路器、故障限流器、无功补偿器等。

1.3.1　固态变压器

电力电子变压器（Power Electronic Transformer，PET），又称为固态变压器，也有称为 EPT。电力电子变压器是一种含有电力电子变换器，且通过高频变压器实现磁耦合的变电装置，它通过电力电子变换技术和高频变压器实现电力系统中的电压变换和能量传递。

1970 年，美国 GE 公司的 W.McMurray 首先提出了一种具有高频连接的 AC/AC 变换电路，这种高频变换原理成为后来基于直接 AC/AC 变换的电力电子变压器发展的基本思路。

1980 年，美国海军的一个研究项目提出了一种由 AC/AC 的降压变换器构成的固态变压器（Solid State Transformer，SST）。

其后，由美国电力科学研究院（Electric Power Research Institute，EPRI）赞助的一个研究项目研制出了另一种基于 AC/AC 变换的固态变压器。

Koosuke Harada 等人在 1996 年又提出了一种智能变压器（Intelligent Transformer，IT），通过对高频技术的使用，使得变压器体积减小，并可实现恒压、恒流、功率因数校正等功能。其研究成果在 200V、3kVA 的实验装置上得到实现，开关频率达到 15kHz，但其缺点是效率较低，约为 80%~90%。

早期电力电子变压器的理论和实验研究，由于受到当时大功率电力电子器件和高压大功率变换技术发展水平的限制，所提出的各种设计方案均未能进入实用化，特别是在可用于实际输配电系统（10kV 以上）的电力电子变压器的研究方面进展甚微。

进入 20 世纪 90 年代末，国外在电力电子变压器的研究领域中出现了一些令人鼓舞的进展，特别是在可用于工业配电系统的电力电子变压器的研究方面取得了突破，提出了一些新的技术方案，并制作出了与配电系统电压等级相当的实验室样机。

最先是美国德州 A&M 大学的 Moonshik Kang 和 Enjeti 提出了一种基于直接 AC/AC 变换的电力电子变压器的结构。这种电力电子变压器的首要设计目标是减小变压器的体积和重量，并提高其整体效率，其工作原理为：工频信号（60Hz）首先被变换为高频信号（1.2kHz）后，通过高频隔离变压器耦合到其二次侧，高频信号随后又被同步还原为工频信号。

同 W.McMurray 所提出的高频变换相似，针对较小功率的应用场合，为简化结构，降低成本，M.D.Manjrekar 和 R.Kieferndorf 等人在 Buck-Boost（降压 - 升压）变换器的基础上，提出了一种直接 AC/AC 变换结构的电力电子变压器。Ronan 和 Sudnoff 于 1999 年提出了一种由高压输入级、隔离级和低压输出级三级结构组成的电力电子变压器，这是一种降压变压器方案，其特点是输入级采用多级功率模块串联的结构，高压侧的输入电压被均分到每一模块上，从而可减小高压侧单个功率模块上所承受的电压，各模块内部可不必串联，输入级各模块为单位功率因数整流器。

但是这些实验方案，由于受当时大功率电力电子器件以及电力电子技术发展水平的限制，而且这方面理论本身不成熟，因而都未能进入实用化。

图1-12为美国用于电动汽车快速充电的通用型变压器，已经进入商业化的应用阶段，电压等级为配电。

图 1-12　美国用于电动汽车快速充电的通用型变压器

我国从事电力电子变压器研究、开发生产的单位已有数家，中国电力科学研究院与中电普瑞科技有限公司、东南大学、中国科学院电工研究所、西安交通大学、华中科技大学等已申请了专利。

世界上最大的电力电子变压器生产厂家美国普思公司和世界上最大的软磁铁氧体生产厂家日本 TDK 公司都在我国设有生产基地。世界上许多先进的电子变压器技术、生产工艺和产品都在我国汇集在一起。基于这样一个多样化的平台，技术交流是大有可为的。近期耐高压（15kV）的碳化硅（SiC）器件的成熟会给 PET 的发展带来新的机遇。

1.3.2　固态断路器/固态切换开关

断路器的作用是在正常情况下接通和断开高压电路中的空载及负荷电流，在系统发生故障时能与保护装置和自动装置相配合，迅速切断故障电流，防止事故扩大，从而保证系统安全运行。

随着配电网容量的日益增大，系统的短路容量也持续增加，这对电网原有的以及即将投运的开关设备的开断能力都提出了更高的要求。同时，随着用户对供电质量要求的不断提高，如何快速切除短路电流以抑制故障期间电网电压的跌落显得尤其重要。现有的传统机械式断路器因受其自身物理结构的制约，开断容量很难有大幅度提高，且动、静触头分开时引起的电弧延长了故障电流切除时间，使之难以满足一些电力用户对故障电流开断的速动性要求，因此，如何限制、迅速开断故障电流显得日趋重要。

基于功率半导体开关器件的固态断路器（Solid-State Circuit Breaker，SSCB）/固态切换开关（Solid-State Transfer Switch，SSTS），因其卓越的电流关断性能，使其自问世以来便引起广泛的关注。SSCB/SSTS 是基于固态电力电子技术和 FACTS（DFACTS）技术，实现对电力系统参数和网络结构快速、灵活、准确控制的关键设备，也是保障现代电力系统安全、可靠运行的重要设备。

对于固态断路器，美国西屋电气公司研制成功的强迫空冷户外式 SSCB（13.8kV/675A）于 1995 年 2 月安装于美国新泽西州 PSE&G 变电站运行。与故障电流限制器组合，其固态断路器的门极可关断晶闸管回路额定电流为675A，通过硅整流管的故障电流为 8kA。EPRI 已开发出由碳化硅晶体制成的大功率开关，可承受 1750V 电压和 250A 电流，可耐受结温高达 139℃。

国外对固态开关研究起步较早，目前已经有若干样机获得应用。以 ABB、迪安科技公司（Dean Technology Inc，DTI）、EPRI 等公司的研究水平最为领先。其中 ABB 公司的固态开关主要采用其独有的 IGBT 串联技术，除主要作为可关断阀应用于柔性直流输电工程外，也有应用于脉冲发生器的150kV/500A 固态开关。而 DTI 公司在美国军方的资助下，利用 IGBT 串联和并联构成固态开关，其水平已达到 10kV/50kA/1kHz，主要应用领域包括大电流电磁导弹发射、大功率加速器、舰船供电系统等。其他研究单位如西屋电气、ConED 等均有固态开关应用。

国内研究单位主要有中国工程物理研究院、哈尔滨工业大学、中国电科院等。其中，中国工程物理研究院研制出基于 IGBT 串联的 20kV/40mA 固态开关，应用于脉冲发生器。哈尔滨工业大学联合中国工程物理研究院研制出10kV/20A 的固态开关，应用于高能物理研究。以上两种固态开关均为小电流样机，无法应用于智能变电站。中国电科院研制出 10kV/630A 固态切换开关，且有 3 套在配电网中获得工程应用。

可见，国内研究水平与国外差距较大。因此，国内需要在引进消化国外先进技术的基础上，联合国外机构共同研制，缩小与国外的差距，使固态开关在我国电网中获得广泛应用。

尽管这些年来国内外对高压固态断路器的研制取得了较大的突破，并有实际的工程应用，但因受到固有缺点的制约，迄今固态断路器尚未广泛应用。

1.3.3 故障限流器

由于大电网互联、单台发电机容量的增大、低阻抗大容量变压器的应用以及配电网的不断扩大，使得电力系统的短路容量日益增大。然而，一味地提高断路器的开断能力，无论在技术方面还是经济方面都很困难，而且在使用机械断路器断开短路电流时，通常需要两个或者更多个周期的时间，这就需要限流设备和断路器配合使用。

采用新型的故障限流器，可以限制短路电流。快速故障限流器和断路器配合使用，可缩短故障切除时间，并将短路容量限制在断路器的瞬时容量和切断容量以内，从而延长断路器和变压器的使用寿命，且有显著的经济效益。

在 20 世纪 70 年代，就有学者提出电流限制器（Current Limiter Device，CLD）或称故障限流器（Fault Current Limiter，FCL），经过约 30 年的发展，涌现出多种类型的限流器，但真正受到重视和快速发展是在柔性交流输电技术提出以后。从近十年的发展来看，可以将故障限流器分为两大类：第一类是采用功率电子器件控制线路阻抗的限流器；第二类是采用具有特殊性质的材料作为限流器的基本组成部分，如超导材料和具有正温度系数（Positive Temperature Coefficient，PTC）的聚合材料等。

目前电力系统广泛使用限流式断路器和限流式熔断器，或两者的结合来限制短路电流。其中，限流式断路器中的机械开关，惯性大，不能快速限制电流，主要用于低压系统。限流式熔断器主要应用于 10～63kV 电力线路和电力变压器的保护中，不能自动重合闸，且限流过程产生的电弧对周围通信设备产生干扰。

超导故障限流器近些年也得到了发展，但由于超导技术不是很成熟，并且超导限流器成本高，功耗大，至今没有得到应用。

正温度系数的电阻故障限流器中的电阻是一非线性电路，室温时的电阻值非常低，当温度升高到某一值时，电阻迅速增加，它已应用于低压领域以及美国海军新型战略舰艇上。其缺点是正温度系数电阻的额定值不高，只有几百伏/几安，要串并联使用，恢复时间长，需要特殊的连接设备。

固态故障限流器是一种结合了电力电子、控制理论等技术的新型故障限流器。对于故障限流器，国外对电力电子 FCL 的研究较多，已有实用化、商业化成果。

1992 年，美国 EPRI 提出 GTO 开关型限流器，并于 1993 年应用于新泽西州的 4.6kV 的输电线路上（6.6MW、800A）。之后经过改进，把 GTO 和固态断路器并联，1995 年，改进后的限流器（13.8kV、675A）在 PSE&G 的变电站中投入运行。

混合式限流器近些年得到不断发展，它是由集中限流技术结合而成。由日本富士电机和关西电力公司联合开发的由高速真空开关和 GTO 并联构成的混合式限流器，在 1995 年投入使用。但这种混合式限流器的缺点是结构复杂，成本高，不能完全解决其他限流器的问题。

20 世纪 90 年代末，ACEC-Transport 和 GEC-Alsthon 共同开发并已商业化生产了交直流两用的混合式故障限流器。

谐振式限流器是利用串联谐振电路的阻抗为零、并联谐振电路的导纳为零的特点。但串联谐振限流器的限流电感较小，所需补偿的电容数量极大，无法投入实际应用。并联式谐振限流器也存在同样的问题。

无损耗电阻器式限流器是华东冶金学院于 1994 年提出来的，它通过控制IGBT 开关的调制频率来控制其"等效电阻"，但它对调制频率要求高，功耗大，会产生丰富的谐波。

华中科技大学研究的基于串联补偿作用的限流器，由一个固定电容器、开关控制的电容器组与旁路电感并联后再和限流电感串联而成，它的开关速度快，且成本不是很高，还能控制补偿度来控制故障限流的程度。

浙江大学对新型桥式固态短路限流技术的研究起步于 1995 年，该技术适用于交流系统，之后对其进行了改进，增加了自动检测故障电流、自动限制短路电流功能，通过辅助充磁回路，使故障限流器在正常工作时不会给电力系统带来谐波等。

华南理工大学的刘永强于 2003 年申请了专利"一种利用固态开关的短路故障限流器"，它使得电网系统的短路电流的波峰被削去，并对整个短路电流起到了很好的抑制作用，避免了电气设备承受大电流的冲击，故障限流器的使用也可相应地减少断路器的遮断容量，带来了经济效益。同时该故障限流器结构简单，其晶闸管只需闭合而无需关断，且闭合时间小于200ms，从而可有效提高晶闸管的使用寿命及可靠性。

1.4　国内外电力电子变电站的研究进展

固态电力电子技术是FACTS（DFACTS）技术发展进程中具有前瞻性的电力前沿技术，固态变电站（Solid-State Substation）可以理解为：采用基于新型电力电子器件的固态电力电子技术、FACTS（DFACTS）技术，通过电力电子控制器、固态电流限制器（Solid-State Current Limiter，SSCL）/固态故障电流限制器（Solid-State Fault Current Limiter，SSFCL）、固态断路器（Solid-State Circuit Breaker，SSCB）/固态切换开关（Solid-State Transfer Switch，SSTS）等电力电子设备实现灵活控制和操作的变电站，使固态变电站成为未来输电系统与配电系统之间的动态"控制点"（point-of-control）。

基于固态电力电子技术的固态变电站还处于研究开发阶段，美国电力研究院于2006年开始研究开发基于先进电力电子技术的固态变电站，包括固态变电站的电力电子控制器、固态电流限制器/固态故障电流限制器、固态断路器、全固态配电变压器、多功能低成本固态开关群、配电故障预测器等电力电子设备的开发，以迎接未来输电系统的挑战，但固态变电站的应用尚需时日。

未来的固态变电站设备可包括通用的配电变压器或未来的全固态配电变压器、固态电流限制器和各种静止无功补偿器（SVC）及FACTS设备，通常此类设备可实现高电压下的大电流快速切换。预期固态变电站中以电力电子技术为特征的新型变压器将替代铁芯充油设备，采用美国电力研究院制定的变电站和馈线设备通信协议体系（Utility Communication Architecture，UCA），局域网链接全电子继电器及量测设备、计算机和电子屏，未来的固态变电站尤其需要按通行的电磁兼容（Electro Magnetic Compatibility，EMC）标准进行配置。

2 基于电力电子技术的
柔性变电站设计

　　柔性变电站的建设过程，经历了电力电子变压器的研究与制造、早期的柔性变电站的概念设计、后来的示范项目落地等几个关键环节。本章首先介绍了变电站中主要电气设备——变压器由传统的电力变压器转变成电力电子变压器（PET），包括结构上的变化以及运行特性；然后，给出了基于 PET 的适用于用户的 10kV 柔性变电站概念设计方案和适用于配电的 110kV 柔性变电站概念设计方案；最后，以张北阿里巴巴数据中心为供电对象，给出该柔性变电站示范项目的电气设计方案，并分析了柔性变电站的运行方式及其对配电运行的影响。

2.1 电力电子变压器的组成及特点

2.1.1 电力电子变压器的组成及工作原理

　　电力电子变压器作为影响变电站功能形态和性能的关键设备，其结构形式有很多种，而结构又与采用的转换级数相关，当转换级数不同时，接口数也不一样。依据电力电子变压器转换级数的不同，有二级、三级、四级、五级等多种结构，最复杂的为五级变换结构，五级变换结构的电力电子变压器示意图如图 2-1 所示。

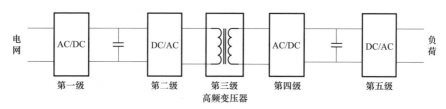

图 2-1　五级变换结构的电力电子变压器示意图

由图 2-1 可以看出，电力电子变压器的工作原理为：从电网来的工频交流电，经过第一级 AC/DC 变换器，可以得到高压直流；再经过第二级的 DC/AC 变换器，把高压直流转换为高频的交流；经第三级高频变压器可以得到变压后的低压高频交流；再经过第四级 AC/DC 变换器，得到低压直流；最后经过第五级的 DC/AC，则可以得到低压的工频交流输出，接交流负载。

2.1.2　电力电子变压器的运行特性

在电力电子变压器的输入级和输出级的变换环节，一般采用双环控制，即电流内环控制和电压外环控制，此控制策略可实现功率因数的调节、功率的双向流动及有功和无功的解耦控制。正是由于变换器的可控，它可在四象限里运行，变换器有功、无功控制示意图如图 2-2 所示。

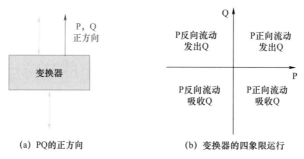

(a) PQ的正方向　　　　　　(b) 变换器的四象限运行

图 2-2　变换器有功、无功控制示意图

由图 2-2 可知，无论是输入级还是输出级，其有功功率 P 或无功功率 Q 均可以双向流动，即当规定变换器 P 或 Q 的正方向后，则有四种运行工况，分别为 P 正向流动和发出无功 Q、P 正向流动和吸收无功 Q、P 反向流动和发出无功 Q 以及 P 反向流动和吸收无功 Q。

2.2 适用于用户的 10kV 柔性变电站的概念设计

适用于用户的 10kV 柔性变电站的概念设计方案，是基于电力电子技术特征前瞻性研究中的近期技术方案。它是以现阶段已有的 Si 材料为基础的 IGBT 元件实现的电力电子变压器研制技术为重点，通过整合系统功能、优化结构布局，采用"电力电子变压器、简化的主接线系统、接入灵活方便、10kV 电压等级"技术构架，有效提升变电站智能化水平。

2.2.1 技术架构的特点

技术架构的特点有：

（1）采用新型变压设备。电力电子变压器是利用电力电子技术和高频变压器技术进行一体化设计制造的新型变电设备，从而实现整体设备的小型化、控制的智能化。

（2）简化变电站配置。电力电子变压器中的电力电子器件具有快速断开大电流的特性，因此能断开设备，兼具断路器的功能，由此可简化一次系统设备的配置。

（3）接入灵活方便。借助于电力电子变压器的 AC 和 DC 输入、输出端口，可方便与电动汽车、分布式发电等连接，从而能应对新型负载与新型能源的变化，实现与它的方便接入。

2.2.2 设计方案的主要内容

适用于用户 10kV 柔性变电站设计方案主要内容包括：

（1）变压设备。变压器采用 10kV 电力电子变压器。

（2）材料。采用 Si 材料制作的功率器件。

（3）功能。变压、限流、分/合线路、电压恢复、无功补偿、电能质量调整、分布式发电的接入、电动汽车的接入、分散式储能装置的接入。

（4）系统集成。

1）一次设备：电力电子变压器、开关、无功补偿器，无断路器。

2）二次系统：互感器、保护、控制、测量、通信等。

（5）接线图。适用于用户的 10kV 柔性变电站概念设计方案接线示意图如图 2-3 所示。

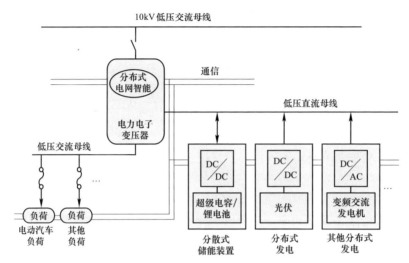

图 2-3　适用于用户的 10kV 柔性变电站概念设计方案接线示意图

由图 2-3 可知，该电力电子变电站，由于工作电压等级低，处于配电网的末端。因此，它主要是承接上一级电网的电能，或者是接收再生能源/分布式发电系统发出来的电能。其中电压等级高的电经过变压后输出低压的直流或交流，带交流负载和直流负载。此外，分散式储能装置和电动汽车可与变电站互动，进行双向功率流动。

由于整个变电站满足智能化要求，故变电站与外部的负载、储能装置、发电系统、电动汽车等都能进行通信。

（6）主要性能指标。10kV 的电力电子变压器在国内尚处于研制阶段，没有商业化生产，也没有制定出此类设备规范化设计标准，缺乏具体的几何参数。

经调研，10kV 电力电子变压器样机由 5 柜子组成，其中有 3 个相柜，1 个启动柜，1 个水冷柜，每个柜子 1.5m×2.2m×2.2m，地面尺寸为 16.5m²。

2.2.3　设计方案的预期效果

由于缺少必要的运行测试参数等信息，因此只能定性地分析柔性变电站的主要性能。

（1）变电站可靠性水平提高。电力电子变压器兼具开关与控制功能，减少了变电站断路器等主设备配置的数目，由于变电站内变压器与断路器在可靠性计算中是串联关系，故可靠性会提高。但其前提是电力电子变压器本身的可靠性要达到传统变压器的可靠性运行水平。

（2）损耗方面不容乐观。电力电子变压器是由 AC/DC、DC/AC、高频变压器、AC/DC、DC/AC 五级结构组成。因此，与传统的变压器不同，除了有变压器损耗以外，还有整流、逆变回路的电力电子器件的损耗（容量的 4%左右）。由于通过电力电子电路的电流较小，因此，电力电子器件上的损耗较低，而且电力电子变压器中采用的是高频变压器，其体积小，重量轻，等效的阻抗和感抗也较之传统的变压器要低，故其损耗要低于常规变压器。

（3）实现了节地、节约资源与环保的目标。由于电力电子变压器无须采用油绝缘和降温，故对环保不会产生影响。此外，由于其几何尺寸的大大降低，在节省土地资源和空间资源方面优势明显。再者，由于高频变压器体积减小，可大大节省铁芯和绕组使用的金属资源。

2.2.4　设计方案存在的风险

需要指出的是，由于电力电子变压器中高频变压器制作技术的限制，国内新研制的 10kV 的电力电子变压器尚存在一些技术上的难点与问题，主要体现在：

（1）电力电子变换部分控制复杂。由于电力电子变压器中电力电子转换部分是由若干 IGBT 来实现，每一个管子都需要进行控制，故控制系统比较复杂。

（2）电力电子器件的损耗大。电力电子变压器的电力电子器件会通过大电流、高电压，所以在器件的开关过程中的损耗不可忽视。

（3）大功率高频变压器制作的困难。尽管高频变压器实现了尺寸上的减小，但由于频率的提高，涡流损耗大，还需要考虑集肤效应。最为关键是，其中任意一个变压器损坏，都将承受高电压，绝缘上目前尚没有很好的解决办法，导致制作困难。

因此，大面积的应用需要抓紧技术攻关，以保证电力电子变压器在电力系统中运行可靠，同时又满足经济性能指标的要求。

2.3　适用于配电的 110kV 柔性变电站的概念设计

2.3.1　技术架构的特点

技术架构的主要特点有：

（1）在设备上，采用未来研制的 SiC 材料的开关元件以及以气体绝缘技术为基础的电力电子变压器，实现变电站电网控制精确、调控灵活，设备自动诊断、自动隔离、自动重构、易维免维。

（2）在材料上，采用 SiC 等新型材料和工艺，实现设备小型化、低碳能效高、节地省。

（3）在技术上，采用电力电子、气体绝缘、智能控制等新兴前沿技术，实现应用系统对设备的即时感知、精准计算、快速响应和可靠控制。

2.3.2　设计方案的主要内容

基于 SiC 技术的概念设计方案的主要内容包括：

（1）变压设备。变压器采用 110kV 电力电子变压器。

（2）材料。采用 SiC 等后硅材料制作的功率器件。

（3）功能。变压、限流、分/合线路、电压恢复、无功补偿、电能质量调整、集中式可再生能源发电的接入、集中储能装置的调控。

（4）系统集成。

1）一次设备：电力电子变压器、隔离开关、无功补偿器，无断路器。

2）二次系统：互感器、保护、控制、测量、通信等。

由于整个变电站要求全部满足智能化要求，故变电站与外部的负载、储能装置、发电系统、电动汽车等都能进行通信。

（5）接线图。适用于配电的 110kV 柔性变电站概念设计方案接线示意图如图 2-4 所示。

由图 2-4 可知，该电力电子变电站，由于工作电压等级较高，处于配电网的高压网络，与近期方案有所不同。主要体现在：

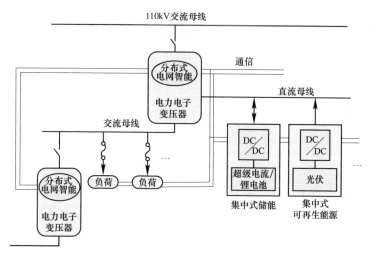

图 2-4 适用于配电的 110kV 柔性变电站概念设计方案接线示意图

1）该站主要是承接上一级电网的电能，或者是接收集中式可再生能源发出的电能，其中电压等级高的电能经过变压后输出低压的直流或交流，带交流负载和直流负载，或者是传递给低一级电压等级的电力电子变压器。

2）接入该站的集中式储能装置可与变电站互动，进行双向功率流动。

2.3.3　设计方案的预期效果

从图 2-3 和图 2-4 两个柔性变电站概念设计方案接线图可以看出，两者有相同的地方，即都是应用电力电子变压器实现变压、开断、带载，因此可靠性、损耗、节地环保等方面的特点是一致。

但两者也有不同的地方，表现在所处的电压等级不同，以及与之相连的对象存在差异，这是因为 110kV 变电站与 10kV 变电站在电网中所处的位置不同，因此，各自所起的作用也不相同。可以分两种情况进行讨论：

（1）如果 110kV 柔性变电站的一次侧接在一个直流系统里，因为其等效的阻抗没有电抗，故系统不会有无功损耗问题。

（2）如果 110kV 柔性变电站的一次侧接在交流系统中，由于电力电子变压既可以调电压，也可以调功率，所以会使电网的电压稳定性、频率稳定性都得以提高。

需要指出的是，由于电压等级的提高，半导体器件面临一个很高的技术瓶颈。在材料科学没有实现技术突破之前，提高电压只能通过电路拓扑的方法来解决，这无疑增加了此类变压器的制作难度，成本会比较高。

此外，一旦该变电站能通过与之相连的集中型储能装置实现资源调配，其经济效益将远远大于变压器这种设备级经济运行的效益。

2.4 10kV 柔性变电站示范项目电气设计方案

基于前期柔性变电站前瞻性研究，首先选择 10kV 的用户变电站进行示范，针对张北阿里巴巴数据中心的负荷特点以及需求大小，同时考虑该站所在地区风光资源发电接入情况，开展电气设计与仿真，以及新型电力电子变压器的研制和项目的同步建设。

2.4.1 柔性变电站的组成

在智能技术快速发展的今天，虽然一次系统与二次系统的联系越来越紧密，变电站也由单一功能变成多种功能集成，但由于变电站在电网中的主要作用并没有发生根本性变化，柔性变电站的内部组成结构同传统变电站一样，包含一次系统、二次系统和柔性变电站协同控制及能量管理系统，图 2-5 为柔性变电站的一次系统和二次系统示意图。

从图 2-5 可以看出，柔性变电站的一次系统包括电力电子变压器、断路器、母线、隔离开关等，实现电能传输等功能；二次系统为通信、自动化、电源系统，实现对站内一次设备的监视与控制；生产管理系统对站内一次和二次设备的资产信息、站内设备的维护检修信息以及变电站的运行信息进行管理。

由于柔性变电站中一次系统主设备——变压器采用电力电子变压器，它与常规电力变压器在结构上不同，能实现直流和交流共存，多源（除高压交流进线外，还有当地的风、光接入）共存，双向负载（指可充电负载）与单向负载共存，单相负载和三相负载共存，潮流双向灵活控制等多种功能。因此，柔性变电站与常规变电站一次系统、二次系统的设计方案不同，如断路器的配置、二次系统的设置等都会有相应的变化。

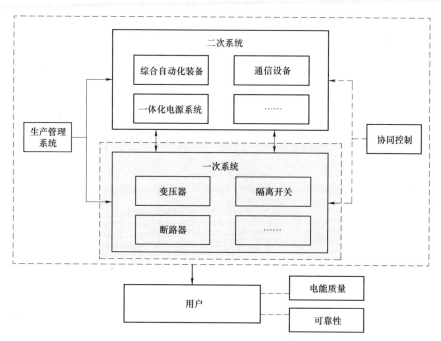

图 2-5 柔性变电站一次系统和二次系统示意图

2.4.2 含10kV柔性变电站的配电系统组成

合理简化后，含 10kV 柔性变电站的配电系统接线图如图 2-6 所示，其中虚线框为电力电子变压器的边界。

从图 2-6 可以看出，该配电系统的组成为：

（1）电源。该系统有 2 个电源点，分别为主网、5MW 的集中式光伏，其中，集中式光伏的年运行小时数为 1491h。

（2）变电换流设备。该系统有 3 台变压器，分别是 110kV 变压器、10kV 干式变压器、电力电子变压器；还有 1 台 DC/DC 换流设备，用于光伏并网。

（3）线路。该系统有 3 条架空线，长度均为 1km；8 条母线，其中，4 号、5 号、8 号为直流母线。

（4）开关设备。该系统有 3 个直流断路器，其中，1 号、2 号为 10kV 直流断路器、3 号为 750V 直流断路器。

（5）负载。该系统有 2 个负荷点，其中，交流负荷 1.8MW，直流负荷 0.6MW。

柔性变电站可靠性分析及综合效益评价

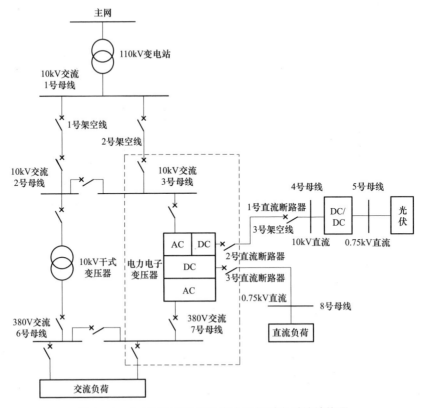

图 2-6　含 10kV 示范柔性变电站的配电系统接线图

由图 2-6 还可以看出，柔性变电站外部、内部之间的连接关系以及断路器配置情况如下所述：

（1）交流 10kV 出线经带绝缘的架空线路接至上一级 110kV 变电站的 10kV 交流母线；110kV 变电站的另一路 10kV 交流母线经带绝缘的架空线路接至干式变压器的出线端。

（2）两段 10kV 交流侧母线采取单母分段的方式。

（3）DC±10kV 出线经带绝缘的架空线路和具有隔离能力的 DC/DC 换流器接入 5MW 集中式光伏，另一端接柔性变电站的高压 DC 接口。

（4）DC750V 输出为直流负荷供电。

（5）AC380V 母线与干式变压器输出母线构成单母线分段，共同为交流负荷供电。

（6）AC10kV 线路两端均安装交流断路器，AC380V 线路系统侧安装交流断路器，DC750V 线路系统侧、DC±10kV 线路两端安装直流断路器。

　　由于柔性变电站是示范项目，其各项分析指标，如综合效益、可靠性分析等，都需要与传统变电站进行比较，后者采用电力变压器，故被比较的对象为含传统变电站的配电系统，其接线图如图 2-7 所示。

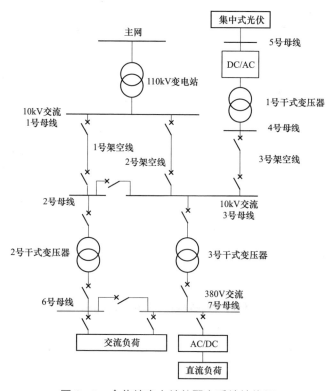

图 2-7　含传统变电站的配电系统接线图

可以看出，图 2-7 与图 2-6 不同之处有：

（1）把柔性变电站内的电力电子变压器，换成了 3 号传统的干式变压器。

（2）由于传统变压器只能进行交流输入或输出，故集中式光伏需首先通过 DC/AC 变换器将光伏发电输出的直流电变成交流电，并通过一交流升压变压器升至 10kV 后连接到变电站 10kV 交流母线上。

2.4.3　含10kV柔性变电站的配电系统运行方式

　　由于变换器的功率双向可控，柔性变电站的运行方式非常灵活，可以有多种运行方式，图 2-8 列出了柔性变电站的四种运行方式。

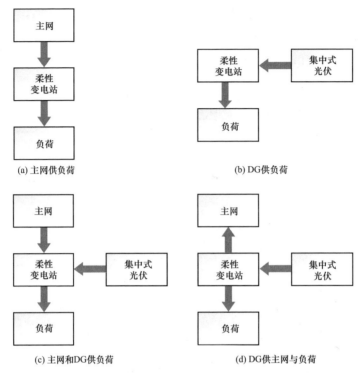

图 2−8　柔性变电站的四种运行方式

图 2−8（a）的主网供负荷运行方式指的是上一级电网输送的电能通过柔性变电站给负载供电；图 2−8（b）的 DG 供负荷运行方式指的是集中式光伏发出的电能通过柔性变电站给负载供电；图 2−8（c）的主网和 DG 供负荷运行方式指的是上一级电网输送的电能和集中式光伏发出的电能，共同通过柔性变电站给负载供电；图 2−8（d）的 DG 供主网和负荷指的是集中式光伏发出的电能，通过柔性变电站不仅给用户供电，还可以馈入主网。

2.4.4　含10kV柔性变电站对配电系统运行的影响

通过对柔性变电站示范项目由设备层、变电站层和配电网层自下而上地逐层分析发现，由于柔性变电站项目的主要电气设备——变压器的变化，导致完成同样配电网的运行管理要求时，其解决方案与传统变电站是不同的，配电网运行时采用柔性变电站与传统变电站在不同运行要求下的解决方案，见表 2−1。

表 2-1　　　　配电网运行时采用柔性变电站与传统变电站在
不同运行要求下的解决方案

要求分类	指标序号	配网运行要求	含传统变电站配电网解决方案	含柔性变电站配电网解决方案
基本	1	负荷供电	变电站	柔性变电站
	2	电压偏差	变压器分接头	PET
	3	频率调节	调荷	PET+
	4	供电可靠性	系统可靠性设计（含传统变压器）	系统可靠性设计（含 PET）
高级	1	降低峰荷	切负荷/储能	PET+
	2	网络损耗	无功补偿装置	PET
	3	谐波	滤波器	PET
新型	1	DG 及直流负载接入	变流器	PET

注　PET+表示变电站配合其他资源共同实现。

从表 2-1 可以看出，由于电力电子变压器作为柔性变电站的关键一次设备，具有多种控制功能，使得柔性变电站成为一个功能集成、控制灵活的变电站。

正是由于柔性变电站功能的增加，使得它在配电网的运行中能发挥更多的作用，从而对电网以及社会产生效益。柔性变电站对配电系统运行带来的变化有：

（1）柔性变电站能直接与交流系统和直流系统连接，从而能适应更为复杂的配电网运行环境。

（2）柔性变电站中的电力电子变压器功率因数调节范围大，能灵活控制有功、无功的大小和方向，从而能提供无功支撑、有功调节等服务。

（3）柔性变电站中的电力电子变压器高压侧发生故障时，其低压侧转换环节仍可使用。如果采用外加柴油发电机、储能以及备用干式变压器的配置，则可为柔性变电站提供多种运行方式，提高柔性变电站的供电可靠性。

需要指出的是：

（1）由于电能通过柔性变电站进行转换传输时，通过电力电子变压器的转换级数和路径不同，在变压器内产生的损耗不一样。其中，变换器上的损耗比较大。

（2）由于柔性变电站目前处于示范阶段，相关技术的标准化、设备的产业化尚有很长的一段路要走，柔性变电站目前的建设成本比较高。

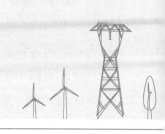

3 柔性变电站示范项目综合效益评价指标体系构建

柔性变电站示范项目的综合效益测算，不仅可以论证柔性变电站由前瞻性研究到项目落地决策的正确与否，也关系到今后类似项目的推广与建设。为此，本章首先确定了柔性变电站示范项目综合效益评价指标体系设计的四大原则，即合理性、可比性、完备性、通用性；其次，在明确效益内涵的基础上，先分析了影响柔性变电站示范项目效益的因素，按照指标体系设计方法，分别从技术效果、经济效益、社会效益三个维度构建三层指标体系架构；最后，针对指标体系中的每一个指标，解释了其含义并给出了计算方法。

3.1 综合效益评价指标体系设计原则

柔性变电站示范项目综合效益评价指标体系设计原则的确定十分重要，尤其对于示范项目，尚未有评价标准可依。它关系到分析维度是否有遗漏，分析边界划定是否正确。因此，指标体系设计原则关系到指标体系架构的确定与指标的筛选。

3.1.1 合理性原则

合理性原则是指在分析柔性变电站示范项目的综合效益时，可以合理地进行推算。因为柔性变电站示范项目为世界首创且处于建设阶段，在研发阶段缺乏实际的运行数据。因此，允许以项目的技术与经济分析理论为基础，参照其他在配电网中所能起到与柔性变电站项目同样作用的电气设备的经济性分析方法与参数，合理地加以推算。

3.1.2　可比性原则

可比性原则是指所设计的效益指标应具有可比性。因为柔性变电站作为示范项目，势必需要与常规变电站进行对比分析，因此在效益指标设计时，需要考虑不同类型的变电站指标的可比性。

3.1.3　完备性原则

完备性原则是指效益计算不应该有遗漏。需仔细甄别柔性变电站示范项目可量化以及不可量化的效益，尽可能完备地反映出具有多种功能的柔性变电站所产生的效益。

3.1.4　通用性原则

通用性原则是指所设计的评价指标具有较广泛的适用性。在指标设计时，应尽可能考虑到未来柔性变电站型式的多样性，尽可能使其适用于未来不同型式的柔性变电站，以便与示范项目进行对比。

3.2　综合效益评价指标体系架构设计

3.2.1　效益的内涵

效益是指效果与收益，对项目来说，效益包括项目本身得到的直接效益和由项目引起的间接效益或者项目对国民经济所作的贡献。在管理活动中，如果劳动成果大于劳动耗费，则具有正效益；如果劳动成果等于劳动耗费，则视为零效益；如果劳动成果小于劳动耗费，则产出负效益。效益一般分为经济效益、社会效益、环境效益等多个方面。

变电站作为电网的重要节点，在源—网—荷的互动协调上起重要作用。具有接入灵活、控制灵活特点的柔性变电站，可以视为一种集多种功能于一体的复合型变电站。而电网对于新技术的投入产生效益的本质性要求应体现为安全性和经济价值，以及电网作为公用事业应该考虑的支持社会经济发展带来的社会效益。因此，作为一种技术创新的新型变电站，面向配电网的柔性变电站应该考虑的综合效益包括以下三部分：

（1）柔性变电站的技术性能。包括谐波含量、电能转换效率、功率调节能力等。

（2）柔性变电站所面向的区域配电网带来的经济效益。包括无功电压支撑效益、配电网供电收益、进行调峰调频带来的有功调节效益等。

（3）柔性变电站支持社会发展、促进节能环保带来的社会效益。包括变电站直接消纳清洁能源带来的节能环保效益、工程项目推进促进行业标准的制定、技术发展带动装备产业化的出口效益等。

柔性变电站综合效益的主要内容如图 3-1 所示。

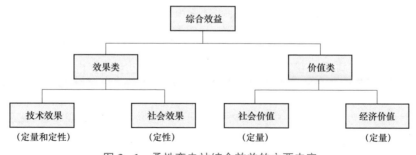

图 3-1　柔性变电站综合效益的主要内容

3.2.2　影响示范项目综合效益的因素分析

柔性变电站具有不同于常规变电站的系统架构和功能特点，因此应基于其技术特点，通过分析柔性变电站的主要技术、经济水平影响因素，来识别柔性变电站的综合效益，确定柔性变电站综合效益的技术效果、经济效益、社会影响指标，以建立准确、全面的柔性变电站综合效益评价指标体系。

3.2.2.1　技术水平影响因素

张北柔性变电站示范工程项目作为世界首例柔性变电站示范工程，该站的设备配置、主接线都完全体现出了柔性变电站的功能和性能特点，由此也体现出其技术特征。

影响柔性变电站技术水平的因素分为两大类,一类是功能因素,一类是性能因素,柔性变电站的技术水平影响因素如图 3-2 所示。

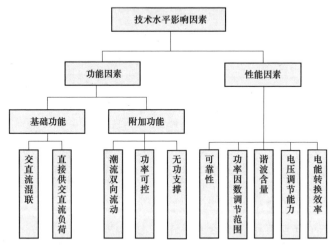

图 3-2　柔性变电站的技术水平影响因素

(1)功能因素。柔性变电站的功能特点主要体现在与自动化系统配合、主接线形式和运行方式、变压器运行特点三部分。影响柔性变电站技术水平的功能因素包括基础功能和附加功能两类,基础功能即变电站变电、配电功能,附加功能则是指在满足基本功能基础上的个性化功能。柔性变电站基本功能有交直流混联、直接供交直流负荷,附加功能有潮流双向流动、功率可控、无功支撑。

1)交直流混联。柔性变压器的一次侧能够直接接入交流电和直流电,有利于大规模可再生能源发电并网,当多台柔性变压器投入变电站工程,能够实现区域交直流网络的互联。

2)直接供交直流负荷。柔性变压器二次侧能够直接输出 750V 直流电和 380V 交流电,能够同时满足交直流负荷的需要,功能更为集成。

3)功率双向流动。通过对柔性变电站运行方式的分析可以看出,当电量过多时,功率会通过柔性变电站向电网方向返送;而当电力电子变压器高压侧发生故障时,柴油发电机启动后,通过干式变压器输送到低压侧的交流电能够利用电力电子变压器的低压侧进行电能变换,为直流用户提供 750V 直流电。

因此，潮流的双向流动也提高了柔性变电站运行的灵活性和可靠性。

4）功率可控。柔性变电站的主要一次设备为电力电子变压器，其功率因数可调范围大，有功功率和无功功率可调节范围也很大，因此柔性变电站的功率可控。

5）无功支撑。由于光伏电站经 DC/DC 变换后，作为交直流配电网与柔性变电站示范工程的电源，因此光伏电站内部无箱式变压器的无功损耗和汇集线路无功损耗；DC/DC 变换站不需要吸收无功；±10kV 直流送出无线路无功损耗；柔性变电站所带的交流负荷约 1.25MW，多功能交直流电力电子变压器能够实现功率因数 0～0.99 可调，在容量范围内，柔性变电站可提供全额无功支撑。

（2）性能因素。基于柔性变电站的系统架构和功能特点，结合柔性变电站的多种运行方式以及柔性变电站的基本性能参数，分析得到影响柔性变电站技术水平的性能因素包括可靠性、功率因数调节范围、谐波含量、电压调节能力、电能转换效率。

1）可靠性。变电站的供电可靠性是指变电站通过高低压配电线路及接户线在内的整个配电系统及设备，按用户可接受标准及期望数量，满足用户电力及电量需求的能力。柔性变电站的可靠性量化分析计算主要考虑了两点内容：① 诸如变压器、母线、隔离开关等一次设备故障率；② 对柔性变电站主接线和多种运行方式进行分析。对于第一点，由于柔性变电站的功能高度集成，设备种类减少，可以推断其整体的可靠性计算会有一定提升；对于第二点，由于柔性变电站具有多种运行方式，可以看出柔性变电站的供电可靠性大大提升。因此，可以得出柔性变电站运行可靠性大大提升的结论。

2）功率因数调节范围。柔性变电站的功率因数调节范围很大，由冀北经研院提供的示范工程设计方案，功率因数调节范围设为 0～0.99。柔性变电站的功率因数调节范围大，使得变电站一次侧和二次侧的有功、无功可调节范围均很大，有功功率对供电的频率有影响，无功功率与供电电压的水平关系密切，因此功率因数调节范围将影响柔性变电站的调压调频。

3）谐波含量。电力电子变压器具有电力电子变换单元，是一个典型的非线性环节，因此是一个谐波源。电力电子变压器的一次侧相对电源而言为受电侧，其注入电源的电流谐波会影响电网谐波水平；电力电子变压器的二次侧相对负荷而言为送电侧，提供给用户的电压谐波含量会影响用户的用电质量。因

柔性变电站可靠性分析及综合效益评价

此，电力电子变压器的一次侧电流谐波含量和二次侧电压谐波含量都是影响电力电子变压器技术水平的性能因素。

4）电压调节能力。由于柔性变电站的功率调节范围大，而无功功率直接影响电压调节，可知柔性变电站的电压调节能力很强。

5）电能转换效率。柔性变电站的电能转换效率由其自身五级变换结构的转换效率决定，其中，光伏接入和交流电网 AC 接入的电能转换过程由于转换环节数不同，导致转换效率不同。如光伏接入柔性变电站、输出交流电供负荷，其转换环节仅包括 DC/AC、高频变压器、AC/DC、DC/AC，其转换效率为以上四个环节的转换效率乘积；而交流电网 AC 接入柔性变电站，输出低压 AC 供负荷时，其电能转换经过五级变换结构，其转换效率为五级转换效率的乘积。由此可见，不同形式的电能接入和输出，其电能转换效率不同。

3.2.2.2 经济水平影响因素

柔性变电站的经济水平影响因素主要包括成本因素、经济效益因素。其中成本因素包括柔性变压器及开关柜等设备的价格；经济效益因素则与柔性变电站的技术影响因素密切相关，包括节能环保、调峰调频、电力优质、停电损耗低以及其他辅助服务等，以上因素均能够带来直接的经济效益，对柔性变电站的经济水平产生影响。柔性变电站的经济水平影响因素如图 3-3 所示。

图 3-3　柔性变电站的经济水平影响因素

（1）成本因素。影响柔性变电站的成本因素主要体现在设备价格上。电力电子变压器造价高昂，是同电压、同容量传统变压器的 5 倍以上。除此之外，由柔性变电站的投资估算表可以看出，柔性变电站直流开关柜、AC/DC 整流单元等设备投入多于传统变电站，也是影响柔性变电站成本的重要因素。

（2）经济效益因素。柔性变电站具有多种常规变电站没有的功能和性能。

1）节能环保。柔性变电站的节能环保效果分为节能和环保两部分：① 节能效果主要考虑柔性变电站电能转换的损耗和谐波含量低带来的线路损耗，这两部分的电量损失用电价来衡量可以得到直接的经济效益；② 环保效果是由于大规模光伏接入，光伏作为清洁能源，其发电会替代火电厂的标准煤耗，同时会带来二氧化碳及其他污染排放物的减排,标准煤的减少和二氧化碳等排放物的减排都会带来直接经济效益。这两者带来的经济效益会直接影响柔性变电站的经济水平。

2)调峰调频。柔性变电站的功率因数调节范围很大,其一、二次侧的有功功率和无功功率调节范围均很大,由此带来的可调节容量足够满足电网和用户需要。调峰调频能带来经济效益,影响柔性变电站的经济水平。

3)电力优质。柔性变电站为用户提供电压稳定、谐波含量低、可靠性高的优质电力,能够满足如数据中心等敏感负荷的高质量用电要求。优质的电力供应能够在原本普通电价的基础上进行价格的提升,即优质电价。因此,提高供电的电力质量后,能够通过优质电价得到直接的经济效益。

4)停电损失。由于柔性变电站的可靠性较高,年停电时间少,因此年停电量少,停电损失也小,由此产生的经济效益也是影响柔性变电站经济水平的因素之一。

5)其他辅助服务。柔性变电站的多功能交直流电力电子变压器能够实现功率因数 0~0.99 可调,在容量范围内,柔性变电站提供全额无功支撑,因此能够减少电网对该部分容量的投资,为电网带来直观的经济效益。

通过以上对影响柔性变电站技术、经济水平的影响因素分析,明确了柔性变电站产生效益的基础,由此识别了柔性变电站技术、经济和社会效益的具体内涵。

3.2.3 综合效益评价指标体系层级的确定

把柔性变电站示范项目当作一个系统,则该系统包括三个层次,分别是站内设备层、变电站层和电网层。柔性变电站示范工程综合效益评价指标体系按照系统评价的思想进行构建:

(1)柔性变电站示范项目的效益评价指标体系分为三个层次,分别是目标层、属性层、指标层,其中目标层为示范项目的综合效益。

(2)参照电力建设项目的评价要求,分析社会、经济两个方面的效益,并将之作为评价指标体系的属性层。

(3)从柔性变电站示范项目本身的组成、功能出发,按照属性层效益的分类,分析与各效益相对应的性能指标作为指标层的具体内容。

3.2.4 综合效益评价指标体系设计

基于影响柔性变电站技术、经济水平因素的分析，建立能够反映柔性变电站功能特点和性能优势的指标，并形成柔性变电站综合效益评价指标体系，柔性变电站的综合效益包括技术效果、经济效益和社会效益，从这三个方面建立系统、科学、较为全面的柔性变电站综合效益评价指标体系，见图3-4。

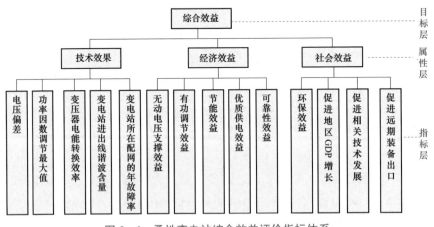

图3-4 柔性变电站综合效益评价指标体系

3.3 综合效益评价指标具体含义与计算方法

结合柔性变电站技术、经济水平影响因素分析，设计柔性变电站综合效益指标共14个，其中技术效果指标5个，经济效益指标5个，社会效益指标4个，柔性变电站综合效益评价指标体系如表3-1所示。

表3-1   柔性变电站综合效益评价指标体系

目标层	属性层	指标序号	指标层指标	指标类型
综合效益	技术效果	1	电压偏差	定量
		2	功率因数调节最大值	定量
		3	变电站电能转换效率	定量
		4	变电站进出线谐波含量	定量
		5	变电站所在配网的年故障率	定量

续表

目标层	属性层	指标序号	指标层指标	指标类型
综合效益	经济效益	6	无功电压支撑效益	定量
		7	有功调节效益	定量
		8	节能效益	定量
		9	优质供电效益	定量
		10	可靠性效益	定量
	社会效益	11	环保效益	定量
		12	促进地区 GDP 增长	定性
		13	促进相关技术发展	定性
		14	促进远期装备出口	定性

3.3.1 技术效果指标

柔性变电站技术效果的评价的目的是评价其技术上的优势，包括为用户提供的电能质量、对电网运行的稳定安全以及新能源接入率等。以柔性变电站的技术水平影响因素分析为基础，选取典型的影响因素作为建立柔性变电站技术效果评价指标的基础。

柔性变电站的技术性能优势主要由电压偏差、功率因数调节最大值、变电站电能转换效率、变电站进出线谐波含量、变电站所在配网的年故障率五个指标来体现。指标定义如下：

（1）电压偏差。电压波动范围是用户用电质量的一项重要指标，其计算公式为

$$\sigma = (V_1 - V_N) / V_N \times 100\% \tag{3-1}$$

式中：σ 为电压偏差；V_1 为进线节点处的实际电压；V_N 为进线节点处的额定电压。

（2）功率因数调节最大值。功率因数调节最大值体现了变电站的潮流控制能力，反映无功调节能力，指多功能交直流电力电子变压器的功率因数可调最大值。

（3）变电站电能转换效率。变电站电能转换效率主要由电力电子变压器的

电能转换效率体现，电力电子变压器的电能转换效率 K 是指电能通过柔性变电站进行电能转换的效率，为变压器输出功率和输入功率的比值，与电能经过的转换环节有关，其计算公式为

$$K = \prod K_i, i = 1, 2, \cdots, 5 \qquad (3-2)$$

式中：K_i 为电力电子变压器 AC/DC、DC/AC、高频变压器、AC/DC、DC/AC 5 个电能变换环节的电能转换效率。

（4）变电站进出线谐波含量。变电站进出线谐波含量是影响线路损耗的一大因素，也是电能质量的一个重要指标，变电站进出线谐波含量反映了变电站进线电流和出线电压的谐波水平。

（5）变电站所在配网的年故障率。变电站所在配网的年故障率与配电网的规模、结构、装备水平以及运行维护管理水平等许多因素均有关系，是综合反映变电站所在配网的供电可靠性水平的主要指标之一。柔性变电站所在配网的年故障率指标的计算，计及了电力电子变压器、隔离开关等设备的可靠性水平，采用故障树等方法，由该配电网各组成单元的可靠性参数计算得到。

3.3.2 经济效益指标

经济效益是综合效益评价指标体系的主要内容，在技术效果分析的基础上，立足于柔性变电站独特的功能和性能优势，分析其能够带来的经济效益。经济效益指标的选取依据经济水平影响因素，有如下经济效益评价指标：

（1）无功电压支撑效益。无功电压支撑效益是指柔性变电站一次侧提供的无功支撑容量带来的电网容量减少投资。该效益为正值，其计算公式为

$$A_1(t) = Q_1(t) \times a_3 \qquad (3-3)$$

式中：$A_1(t)$ 为第 t 年无功电压支撑效益；a_3 为单位无功容量投资；$Q_1(t)$ 为第 t 年高压侧无功调节最大值。

（2）有功调节效益。有功调节效益是指柔性变电站在满足用户基本电量需求的基础上，将多余的有功功率用于调节负荷曲线峰值以及调频的效益，该部分效益为正值。

计算分析：

1）当出现峰荷，柔性变电站可调峰调频方法如下：① 储能发电时，有

1.5MW 可调度量，可参与调峰调频；② 光伏发电时，有 2.5MW 可调度量，可参与调峰调频；③ 电动汽车充电桩功率，柔性变电站一期建设不考虑；④ 用户用电负荷，由于未签订相关调峰协议，且本身不具有调频灵活性、快速性等功能，不参与调峰调频。

2）在柔性变电站内，将储能装置、光伏发电站、电动汽车充电站、用户用电负荷之和与变压器最大容量进行比较，选择两者较小值为有功容量 $P_1(t)$。

柔性变电站功率调节范围大，利用储能装置、光伏发电站、电动汽车充电站和变压器最大容量，分别计算调峰和调频的容量，进行调峰调频，由此得到的经济效益为有功调节效益。该效益为正值，其计算公式为

$$A_2(t) = [P_1(t) \times \alpha_1 + P_1(t) \times \alpha_2] \times 100 \qquad （3-4）$$

式中：$A_2(t)$ 为第 t 年有功调节效益；$P_1(t)$ 为有功功率可调容量；α_1 和 α_2 为单位容量调峰和调频的价格。

（3）节能效益。节能效益是指变电站损耗以及线路损耗带来的综合损耗产生的经济损失，该效益为负值。计算公式为

$$A_3(t) = -\beta_1 \times [W_1(t) - P_{sl} \times \tau_4] - \beta_2 \times P_{sl} \times \tau_4 \qquad （3-5）$$

式中：$A_3(t)$ 为第 t 年节能效益；β_1 为优质电价；β_2 为基础电价；$W_1(t)$ 为第 t 年综合损耗电量；P_{sl} 为负载谐波损耗；τ_4 为年最大负荷用电小时数。

（4）优质供电效益。由于柔性变电站具有优质性能和多种运行方式，其供电质量更高，对电能质量更高的优质电力设定优质电价，在普通电价的基础上上调价格，由此得到年优质供电效益。该效益值为正值。其计算公式为

$$A_4(t) = \beta_1 \times W_2(t) \qquad （3-6）$$

式中：$A_4(t)$ 为第 t 年优质供电效益；β_1 为优质电价；$W_2(t)$ 为第 t 年年用电量。

（5）可靠性效益。可靠性效益是指由柔性变电站可靠性计算的年停电时间带来的停电量经济损失，该效益为负值。其计算公式为

$$A_5(t) = -P_L(t) \times \beta_1 \times \tau_1 \qquad （3-7）$$

式中：$A_5(t)$ 为第 t 年可靠性效益；β_1 为优质电价；$P_L(t)$ 为第 t 年用户用电负荷；τ_1 为年停电时间。

3.3.3 社会效益指标

作为国内外第一个柔性变电站示范工程，张北柔性变电站示范工程带来的效益不仅仅体现在经济效益和技术效果两方面，还包括其在技术引领效果、节地节材、噪声和污染小、推广应用价值等方面带来的社会效益。柔性变电站示范工程的社会效益有以下几个评价指标：

（1）环保效益。环保效益为因光伏接入电量替代以及调峰而减少的火电厂发电标准煤量以及火力发电产生的二氧化碳、二氧化硫、氮氧化物及粉尘等污染物排放带来的效益。该效益为正值。其计算公式为

$$A_6(t) = \sum_{i=0}^{4} \lambda_i V_i \qquad (3-8)$$

式中：$A_6(t)$ 为第 t 年环保效益；λ_i（$i=0$，…，4）为每吨标准煤、二氧化硫、二氧化碳、氮氧化物及粉尘的单位减排效益，元/t；V_i（$i=0$，…，4）为光伏发电入网电量与调峰电量替代标准煤量、二氧化硫、二氧化碳、氮氧化物及粉尘减排量。

（2）促进地区 GDP 增长。促进地区 GDP 增长是指柔性变电站提供的高电能质量，为数据供应商带来的产值。

（3）促进相关技术发展。随着柔性变电站的技术研究和工程运营，能够形成行业标准，促进柔性变电站项目的技术提高和工程推广，带来更多难以估算的效益。

（4）促进远期装备出口。柔性变电站作为全球领先的工程项目，应从国民经济角度考虑其对科技水平上升的影响，但由于未来半导体材料的升级换代、PET 运行情况以及该装备的市场推广前景均存在着不确定性，因此 PET 出口可能带来的效益目前难以测算，采用"有—无"进行分析。

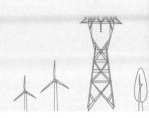

4 柔性变电站示范项目可靠性分析基础

柔性变电站示范项目的可靠性，不仅影响到用户的可靠供电水平，还关系到其所在配电网的可靠性，而开展这项研究，将涉及可靠性分析的基础。为此，本章首先介绍了元件最基本的元件可靠性指标，元件可靠性模型以及系统可靠性等值；接着介绍了可靠性分析中的贝叶斯网络模型及贝叶斯网络推理；最后介绍了配电网的贝叶斯网络建模步骤及其模型的构建。

4.1 元件的可靠性理论

配电网中的元件主要有变压器、线路、开关、母线等电气设备，是可靠性分析的基本单位。根据故障后的修复情况，元件分为不可修复元件和可修复元件，配电网中绝大多数元件属于可修复元件，本节仅考虑可修复元件的可靠性。假设元件处于有效寿命期，元件的失效和修复特性均服从指数分布，即故障率、修复率是常数。

4.1.1 元件可靠性指标

元件可靠性的主要参数有故障率、平均修复时间、可靠度等，是描述元件可靠性的重要指标。

（1）故障率：元件在单位时间内因故障而不能执行规定连续功能的次数，用 λ 表示。计算公式为

$$\lambda = \frac{m}{T} \tag{4-1}$$

式中：m 为运行时间内故障的次数；T 为元件运行的总时间；λ 为元件的故障率。

（2）平均修复时间（Mean Time to Repair，MTTR）：从元件发生故障导致停电到修复故障或更换元件而恢复供电所需的时间。修复率 μ 是修复时间的倒数。计算公式为

$$\mu = \frac{n}{S} \tag{4-2}$$

$$MTTR = \frac{1}{\mu} \tag{4-3}$$

式中：n 为单位时间内修复的次数；S 为元件维修的总时间；μ 为元件的修复率。

（3）可靠度：在规定条件下，单位时间内无故障持续完成规定功能的概率，记为 R。计算公式为

$$R = \frac{\mu}{\lambda + \mu} \tag{4-4}$$

式中：μ 为元件的修复率；λ 为元件的故障率；R 为元件的可靠度。

4.1.2 元件可靠性模型

元件可靠性模型是进行配电网可靠性评估的基础，构建元件可靠性模型时，需分析元件的状态及状态转移。通常情况下，元件要么运行，要么停运。而停运的原因可能是因为备用不需要运行，也有可能是因为故障维修无法运行。对于运行的元件，停运的原因分为两种：一种是计划停运，另一种是强迫停运。两者的区别在于，计划停运是事先安排的，而强迫停运是随机的，它是由故障等原因造成的。

在进行可靠性建模分析时，主要讨论元件的正常运行状态、故障修复状态以及计划检修维修这几种状态。根据建模元件状态数的不同，可靠性模型有二状态模型和三状态模型之分。

（1）二状态模型。二状态模型指的是元件只有两个状态，即正常运行状态

和故障修复状态。其中，元件由正常运行状态进入故障修复状态，一般是因为人工或自动化装置动作让元件在故障时退出运行；而元件由故障修复状态进入正常运行状态，则是元件经过故障处理得以修复，可随时投入系统正常运行。元件的二状态转移模型见图4-1。

图4-1 元件的二状态转移模型

在图4-1中，N表示元件的正常运行状态，R表示元件的故障修复状态，λ为元件的故障率，μ为元件的故障修复率。

（2）三状态模型。三状态模型与二状态模型不同，不仅包括了正常运行状态、故障修复状态，还包括了计划检修状态。元件的三状态转移模型见图4-2。

在图4-2中，M表示元件的计划检修状态，λ为元件的故障率，μ为元件的故障修复率，λ_1为计划检修率，μ_1为计划检修修复率。

需要指出的是，光伏等功率元件可靠性模型中的状态描述与一般元件不同，分别是全额运行状态、降额运行状态和故障修复状态三种，其模型可视为二状态模型的扩展，具体见图4-3。

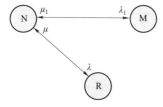

图4-2 元件的三状态转移模型

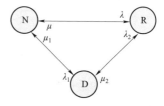

图4-3 光伏的三状态模型

在图4-3中，N表示光伏的全额运行状态，R表示光伏的故障修复状态，D表示光伏的降额运行状态；λ为光伏的故障率，μ为光伏的故障修复率，λ_1为降额运行率，μ_1为降额修复率，λ_2为降额运行故障率，μ_2为降额运行修复率。

（3）动态元件状态模型。断路器、隔离开关、负荷开关、熔断器等开关设备具有可以改变网络拓扑的功能，运行状态分为正常运行、计划检修、临时检修、误动、接地或绝缘故障状态、拒动状态、故障修复状态。根据故障状态对周围元件的影响，简化为运行、检修、修复、扩大型故障状态，则动态元件四状态模型见图 4-4。

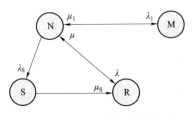

图 4-4　动态元件四状态模型

在图 4-4 中，S 表示扩大型故障状态；λ 为故障率，μ 为修复率，λ_1 为计划检修率，μ_1 为检修修复率，λ_S 为扩大型故障率，μ_S 扩大型故障到修复状态的转移率。

4.1.3　系统可靠性等值

常见的进行可靠性分析的系统可简化为由一系列串并联子系统构成的系统模型。

（1）串联系统。串联系统是指系统中任一个元件失效均导致系统失效，在配电网中，绝大多数元件都是由串联组成的。串联系统见图 4-5。

图 4-5　串联系统

元件 $1,\cdots,n$ 的故障率分别为 $\lambda_1,\cdots,\lambda_n$，平均修复时间分别为 $r_1,\cdots,r_n$，则串联系统的等值故障率 λ_s 为

$$\lambda_s = \sum_{i=1}^{n} \lambda_i \qquad (4-5)$$

等效年停运时间 U_s 为

$$U_s = \sum_{i=1}^{n} \lambda_i r_i \qquad (4-6)$$

等效平均修复时间 r_s 为

$$r_s = \frac{U_s}{\lambda_s} \qquad (4-7)$$

（2）并联系统。并联系统是指系统中所有元件失效，系统才失效，即只要有一个元件正常工作，系统正常运行。并联系统见图 4-6。

元件 $1, \cdots, m$ 的故障率分别为 $\lambda_1, \cdots, \lambda_m$，平均修复时间分别为 $r_1, \cdots, r_m$，则并联系统的等效年停运时间 U_p 为

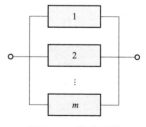

图 4-6　并联系统

$$U_p = \prod_{i=1}^{m} \lambda_i r_i \qquad (4-8)$$

等效平均修复时间 r_p 为

$$r_p = \frac{1}{\sum_{i=1}^{m} \frac{1}{r_i}} \qquad (4-9)$$

等值故障率 λ_p 为

$$\lambda_p = \frac{U_p}{r_p} = \left(\prod_{i=1}^{m} \lambda_i r_i \right) \sum_{i=1}^{m} \frac{1}{r_i} \qquad (4-10)$$

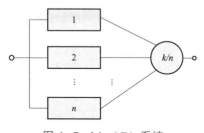

图 4-7　k/n（G）系统

（3）k/n（G）系统。k/n（G）系统是指由 n 个元件组成的系统，当 n 个元件中至少有 k 个元件正常工作时，系统正常运行；当系统中失效的元件数大于 $(n-k)$ 时，系统失效。k/n（G）系统见图 4-7。

元件 $1, \cdots, n$ 的故障率分别为 $\lambda_1, \cdots, \lambda_n$，平均修复时间分别为 $r_1, \cdots, r_n$，则 k/n（G）系统的等值故障率 λ_V 为

$$\lambda_V = \frac{n!}{(n-k)!(k-1)!} \lambda^{n-k+1} (r)^{n-k} \qquad (4-11)$$

等效平均修复时间 r_V 为

$$r_V = \frac{1}{(n-k+1)\mu} \qquad (4-12)$$

等效年停运时间 U_V 为

$$U_{\text{V}} = \lambda_{\text{V}} r_{\text{V}} \qquad\qquad (4-13)$$

4.2 贝叶斯网络理论

1988 年，美国加州大学 Judea Pearl 教授提出一种图形结构——贝叶斯网络（Bayesian Network，BN），用来表示随机变量间的条件依赖关系。条件独立性和图论模型的结合为贝叶斯高效推理算法打下坚实的基础，为人工智能中不确定知识的处理提供一种新的途径。贝叶斯网络理论一经提出，很快在国际上引起轰动并得到了进一步的发展，已成为人工智能非常活跃的研究领域。

4.2.1 贝叶斯网络模型

贝叶斯网络是一种概率图模型，将图论和概率论相结合的贝叶斯网络通过有向图解及概率描述，适用于不确定性知识的表达与推理。贝叶斯网络由两部分组成，一部分是网络结构即有向无环图，包括节点及连接节点的有向弧；另一部分是概率参数，包括根节点的先验概率分布以及非根节点的条件概率分布。

节点代表了从实际问题中抽象出来的随机变量，包括可观察到的变量或隐变量、未知参数等；节点间的有向弧反映变量之间的关联关系，若有因果关系的变量间用有向弧来连接；有向弧的发出节点称为父节点，被指向节点称为子节点，没有父节点的节点称为根节点，没有子节点的节点称为叶节点，其余节点称为中间节点。

每个节点都附一个概率分布，根节点所附的是它的边缘分布，概率参数取值为先验概率，表示变量的客观发生；非根节点所附的是条件概率分布，概率参数取值为条件概率表（Conditional Probability Table，CPT），表示与其父节点变量之间的关联影响。

n 元随机变量 $X = \{x_1, x_2, \cdots, x_n\}$ 贝叶斯网络模型为 $B = (B_{\text{S}}, B_{\text{P}})$，$B_{\text{S}} = (X, E)$ 表示贝叶斯网络结构，$X = \{x_1, x_2, \cdots, x_n\}$ 表示变量集合，$x_i = \{x_i^1, x_i^2, \cdots, x_i^k\}$ 表示变量 x_i 的状态集合；$E = \{(x_i, x_j) \mid x_i, x_j \in X, i \neq j\}$ 是有向边的集合，每条边表示两个节点间的依赖关系，依赖程度由条件概率表决定；$B_{\text{P}} = \{(P_{x_i} \mid \pi_{x_i}) : x_i \in X\}$ 是贝叶斯网络模型的一组条件概率分布集合。

假设已知根节点的先验概率和各叶节点的条件概率表，π_{x_i} 是变量 x_i 的所有父结点的集合，则对于任意的变量 x_i，可以通过式（4-14）来计算其处于状态 x_i^k 时的概率值

$$P(x_i = x_i^k) = \sum_{\pi_{x_i}} P(x_i = x_i^k, \pi_{x_i}) = \sum_{\pi_{x_i}} P(x_i = x_i^k \mid \pi_{x_i}) P(\pi_{x_i}) \qquad (4-14)$$

图 4-8 是一个贝叶斯网络示例，由随机变量 A、B、C 节点构成。根据有向弧的方向可知，A、B 为根节点，C 为叶节点。根节点 A、B 的概率信息分别为其先验概率分布 $[P(A), P(\overline{A})]$、$[P(B), P(\overline{B})]$，非根节点 C 的条件概率分布表示为 $P[C \mid \pi(A,B)]$，状态值"0"表示故障，"1"表示正常工作。

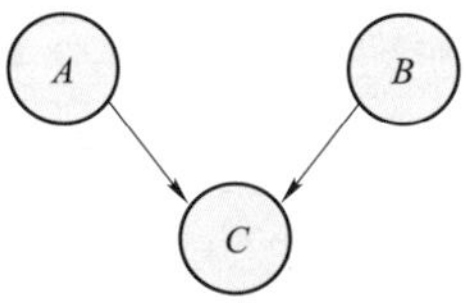

根据给定根节点先验概率分布和非根节点条件概率分布，可计算出包含所有节点的联合概率分布。在图 4-8 中，包含全部节点的联合概率分布函数为

图 4-8　贝叶斯网络示例

$$P(A, B, C) = P(C \mid A, B) P(A) P(B) \qquad (4-15)$$

系统 C 故障的概率为

$$P(C=0) = \sum_{A,B} P(C=0 \mid A, B) P(A) P(B) \qquad (4-16)$$

4.2.2　贝叶斯网络推理

贝叶斯推理，即贝叶斯计算，是指利用贝叶斯网络结构及条件概率表，计算目标变量的概率及某些特殊取值。已知变量通常称为证据变量，记为 E，它们的取值记为 e；需要计算其后验概率分布的变量称为查询变量，记为 Q；需要计算的后验分布 $P(Q \mid E=e)$。即

$$P(Q \mid E=e) = \frac{P(Q, E=e)}{P(E=e)} \qquad (4-17)$$

根据证据变量和查询变量推理角色的不同，概率推理有以下形式：

（1）因果推理或前向推理，是由原因推结论。已知原因证据的发生，利用贝叶斯网络的推理计算，求出结果发生的概率，常用于预测和推理。因果推理应用于配电网可靠性的评估中，是在已知某元件故障的情况下，推算负荷点或者系统发生故障的概率。以图 4-8 中的贝叶斯网络为例，进行因果推理，如

在给定 A 情况下，推算 C 发生的概率，即 $P(C|A)$。

（2）诊断推理或后向推理，是由结论推知原因。已知结果的发生，根据贝叶斯网络推理计算，得到引起该结果发生的原因证据和发生的概率，常用于病理诊断和故障诊断。诊断推理应用于配电网可靠性的评估中，是已知负荷点或系统发生故障，推理负荷结点或系统上所接元件的故障概率。以图 4—8 中的贝叶斯网络为例，进行诊断推理，如在给定结果 C 发生情况下，推算起因 B 发生的概率，即 $P(B|C)$。

在贝叶斯网络中，利用贝叶斯网络独有的双向推理算法，易求出元件 X 的重要度，重要度分为概率重要度、结构重要度和关键重要度 3 种形式。

概率重要度：当且仅当元件 X_i 失效时，系统失效的概率，反映因某个元件状态发生的微小变化，导致系统状态发生变化的程度。即

$$I_i^{\mathrm{Pr}} = P(Q=1|X_i=1) - P(Q=1|X_i=0) \tag{4-18}$$

结构重要度：指所有底事件 X_i 的失效概率为 0.5 时的概率重要度，仅与元件在结构中所取地位有关，与元件故障概率大小无关，主要用于可靠度分配。即

$$
\begin{aligned}
I_i^{\mathrm{St}} = &P[Q=1|X_i=1, P(X_j=1)=0.5, 1 \leqslant j \neq i \leqslant N] \\
&-P[Q=1|X_i=0, P(X_j=1)=0.5, 1 \leqslant j \neq i \leqslant N]
\end{aligned} \tag{4-19}
$$

关键重要度：反映某个元件故障概率的变化率所引起的系统故障概率的变化率，主要用于系统可靠性参数设计以及排列诊断检查顺序表。即

$$I_i^{\mathrm{Cr}} = \frac{P(X_i=1)[P(Q=1|X_i=1) - P(Q=1|X_i=0)]}{P(Q=1)} \tag{4-20}$$

如前所述，由于贝叶斯网络的推理特性，贝叶斯网络应用于配电网可靠性分析有独特的优势，配电网可靠性分析理论对比见表 4—1。

表 4—1　　　　　　　　　配电网可靠性分析理论对比

项	网络法	蒙特卡洛模拟法	贝叶斯网络法
多态系统	×	√	√
不确定性问题	×	×	√
识别薄弱环节	×	×	√

注　"×"表示不适合，"√"表示适合。

4.3 配电网的贝叶斯网络建模步骤及其模型的构建

4.3.1 贝叶斯网络建模步骤

贝叶斯网络应用的首要任务是建立其网络模型。在建立贝叶斯网络模型时，需要考虑模型的精确性和复杂性。一般而言，模型越复杂，所对应的模型精度也越高，但是概率的推理难度也越大，进而导致求解困难或求解速度慢，因此需要在精确性和复杂性之间进行权衡，贝叶斯网络的建模步骤如图4-9所示。

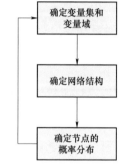

图 4-9 贝叶斯网络的建模步骤

（1）分析研究的对象，确定对象所含变量和变量的可能取值，以节点表示。

（2）判断节点间的关联关系，确定贝叶斯网络拓扑，以图的方式表示。

（3）通过先验数据、测试以及观察收集数据和专家知识，来确定贝叶斯网节点的概率参数。

4.3.2 基于最小路的配电网贝叶斯网络建模

在进行配电系统可靠性评估之前，首要建立相应系统的贝叶斯网络。由于配电系统结构反映的是各元件之间的连接关系，各个元件之间的连接关系影响着负荷节点的可靠性指标，而负荷节点的可靠性指标又影响着系统的可靠性指标，因此要求出系统可靠性指标，必须首先找出系统各个元件之间的连接关系。由于柔性变电站的功率具有双向流动特性，每一个负荷点存在多条连通电源的供电路径，最小路法能直观地求解出负荷点的所有供电路径，易找到导致负荷点失效的故障模式。因此，本节基于最小路法建立配电网的贝叶斯网络模型。

配电网各元件间的关系模型主要包括"与"节点模型、"或"节点模型和"因果"节点模型。以图4-8为例，"与"节点模型条件概率表见表4-2，"或"

节点模型条件概率表见表 4-3，"因果"节点模型条件概率表见表 4-4。其中，A、B、C 表示节点变量，"1"表示正常，"0"表示故障，d_1、d_2、d_3 和 d_4 分别是根据具体情况确定的条件概率 $P(C|A,B)$ 的取值。

表 4-2　　　　　　　　　　"与"节点模型条件概率表

A	B	C
1	1	1
1	0	0
0	1	0
0	0	0

表 4-3　　　　　　　　　　"或"节点模型条件概率表

A	B	C
1	1	1
1	0	1
0	1	1
0	0	0

表 4-4　　　　　　　　　　"因果"节点模型条件概率表

A	B	C
1	1	d_1
1	0	d_2
0	1	d_3
0	0	d_4

下面以一实例，阐述贝叶斯网络具体的建模过程。见图 4-10 是一串并联网络示例，系统有元件 1、2、3、4，元件 2 和元件 3 并联后与元件 1 形成串联关系，与元件 4 并联。

遍历串并联网络，系统的最小路集为{1，2}，{1，3}，{4}。建立贝叶斯网络模型见图 4-11。

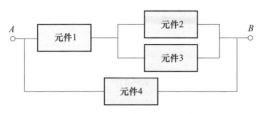

图 4-10 串并联网络示例

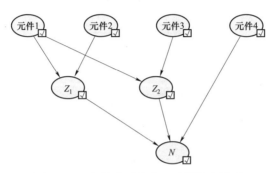

图 4-11 串并联网络的贝叶斯网络模型

图 4-11 中，元件 1、2、3、4 是 4 个根节点，Z_1、Z_2 为 2 个子节点，N 为目标事件。组成每个最小路集的元件间是串联关系，即只要有一个元件故障，该最小路就故障，是"与"节点模型。组成系统的最小路集间是并联关系，即只要有一个最小路正常，系统就正常，是"或"节点模型。根据这些节点之间的逻辑关系，得到该系统的条件概率表，以 Z_1 的条件概率表为例，Z_1 节点模型条件概率表见表 4-5。

表 4-5 Z_1 节点模型条件概率表

元件 1	元件 2	Z_1
1	1	1
1	0	0
0	1	0
0	0	0

因此，基于最小路法建立配电网贝叶斯网络的流程图如图 4-12 所示。

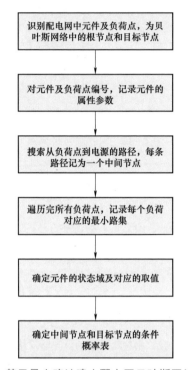

图 4-12　基于最小路法建立配电网贝叶斯网络的流程图

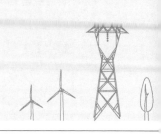

5 柔性变电站示范项目可靠性建模与计算

柔性变电站示范项目包括柔性变电站及其配电网,可靠性计算不仅关系到示范项目效益分析中的可靠性效益,更关系到配电网的可靠运行水平。为此,本章首先简单介绍了示范项目可靠性分析计算的目的与意义;然后重点针对电力电子变压器、直流断路器等电力电子设备,根据其内部拓扑结构和元器件特性建立设备级可靠性模型;接着对配电网中的集中式光伏、直流线路进行可靠性建模,形成基于贝叶斯网络的配电网可靠性分析模型;最后应用贝叶斯分析方法,按照配电网可靠性计算要求,对柔性变电站示范项目的供电负荷可靠性指标和系统可靠性指标进行了计算,并与传统配电网进行了对比。

5.1 可靠性分析的目的

随着国民经济的快速发展、科技的不断进步,以及社会生产自动化、生活方式电气化、办公设备信息化等,用户对供电可靠性的要求越来越高。2015年11月,国家发改委和能源局联合发布"十三五"电力发展规划,其中对供电可靠性的要求是:中心城区的供电可靠率达到99.99%,乡村地区的可靠率达到99.97%。与"十二五"的要求相比,各项指标都有提高,电力工业发展规划对供电可靠性的要求见表5-1。

要实现这个目标,对电气设备及电力系统的规划、设计、安装、运行、维护等电力生产环节的管理均提出了新的挑战,电力系统可靠性管理示意图见图5-1。

表 5-1　　　　　　　　电力工业发展规划对供电可靠性的要求

时期	城市供电可靠率	乡村供电可靠率
"十二五"	99.935%	99.765%
"十三五"	99.99%	99.97%

图 5-1　电力系统可靠性管理示意图

　　电力系统可靠性管理是一个系统工程，设备是基础，规划是关键，运行是保障，用户的安全科学用电同样起着重要作用。由于电力系统是一个复杂的大系统，确保高可靠地对用户供电，从硬件来说，要求每一部分的设备都应具有高可靠性；从管理上讲，需要做好事前的规划、设计以及运行阶段的管理，缺一不可。电能关系到社会各行各业的生产以及居民日常生活。因此供电可靠与否一直是电力企业特别重视的问题。

　　配电网作为电力系统的末端环节，直接面向终端用户，为用户提供电力，与广大人民群众的生产生活密切相关。但由于配电网通常采用单辐射结构，故障发生率较高，约 80% 的用户停电是由配电环节故障引起的。因此，在整个电力系统可靠性工程中，配电网的可靠性，同发电系统可靠性、输电系统可靠性同等重要，甚至从某种程度上看更为重要。

　　需要指出的是，随着新一代电网的发展，电力系统的各个环节正在发生变化，给社会带来巨大效益以及便利人们生活的同时，电网可靠性需要考虑的不确定性因素更多，面临的潜在风险更大，电力系统复杂性日益增加，运行、维护的管理难度与日俱增，这是因为：

　　（1）电力系统互联规模越来越大。西电东送、南北互供、超高压交直流混合输电工程的建设，使我国电网逐步实现电网互联，朝着大电网、大容量方向发展。电力系统规模越来越大，大量超高压、大容量新型电力元件通过超大规模电网连接在一起，这些电力元件间相互制约、相互影响，使得电网的运行特性更难以把控。

　　（2）出力不稳定的风光资源占比日益增大。为了应对能源危机和环境污染问题，可再生能源发展迅速，电源结构变得更为复杂，可靠性管理难度增加。而且风力发电、光伏发电受自然环境的约束，如光照、风况、季节，其出力具有随机性、波动性，当总装机容量达到一定规模时，会严重影响电网的安全、稳定、可靠运行。

（3）负载种类增多且数量增加。直流负载和电动汽车双向负载等新型负载的种类和数量日益庞大。由于电动汽车充电行为的随机性和不可预测性，大量电动汽车接入电网充电对电网的负荷平衡、电源容量、电能质量等方面的影响逐步显现。

（4）电网结构变得更为复杂。直流输电工程的建设、大量风电光伏电站和直流负荷接入电网，使得大量不同类型、不同电压等级的电力电子设备引入电网，给电力系统可靠运行、分析控制等方面带来诸多挑战。

正是因为大量分布式发电、直流负荷的接入和电力电子设备的应用，导致电力系统的组成、形态、特性发生较大变化。在这种情况下，如何应对复杂的交直流电网问题是电力工业的新挑战。基于日渐成熟的电力电子技术和柔性装备制造技术的电力电子变压器是诸多解决的方案之一。电力电子变压器是由模块化的变流器和高频变压器集成的设备，不仅能方便地接入 DG、电动汽车、储能装置等双向负荷，还能调控配电网的运行方式，控制站内、站外的电气参数，包括电压、电流、功率等，成为变电站中替代常规电力变压器，且集变压和柔性控制功能于一体的新型设备。与此同时，电力电子变压器会极大地改变原有配电网的组成及其架构。由变电设备，到变电站的组成，乃至配电网的架构的变化，对配电网供电可靠性产生怎样的影响，成为大家重点关注的问题。

开展含柔性变电站的配电网可靠性分析计算，对于指导电网规划、设计、建设、运行及管理，改善供电可靠性，提高电网的投资效益，帮助电力管理者识别配电网可靠性的薄弱环节及敏感元件，为未来电网建设中的设备选型、网架优化及设备的配置、保证配电网具有更高的设计与运行水平，都有重要指导意义。

5.2 柔性变电站内电力电子设备可靠性模型

由于柔性变电站是深度融合电力电子技术和变电站技术的设备,没有足够的历史运行数据统计得出可靠性参数。因此,本节在分析现有电力电子变压器、直流断路器内部结构的基础上,根据部件计数法建立其可靠性模型,预测出柔性变电站内部设备的可靠性参数。

5.2.1 电力电子变压器可靠性模型

电力电子变压器是柔性变电站内影响变电站功能形态和性能的关键设备,它除了具有传统变压器的电压转换、能量传输和电气隔离等基本功能外,还具备无功补偿、谐波治理、新能源并网等功能。因此,电力电子变压器的可靠性关乎柔性变电站的功能实现。但由于电力电子变压器投入工程应用时间较短,没有足够的历史故障统计数据,而且电力电子变压器是深度结合电力电子技术和变电站技术的新设备,尚未有可借鉴的功能相近的同类设备的可靠性统计数据。因此,只能根据电力电子变压器的拓扑架构对其进行可靠性预测。因此有必要深入分析电力电子变压器的组成拓扑,以估算其可靠性参数。

电子元件常用的可靠性预测方法有两种:部件应力法(Parts Press Analysis Reliability Prediction Method,PARP)和部件计数法(Parts Count Reliability Prediction Method,PCRP)。部件应力法需要元件的部件详细信息,适用于元件的设计研发后期。而部件计数法只需要考虑元件中部件的数量、质量水平、外部环境,适用于设计研究的早期。因此,采用 PCRP 对电力电子变压器的元件进行可靠性预测更为合理,故障率计算模型为

$$\lambda_E = \sum_{i=1}^{n} N_i (\lambda_g \pi_Q)_i \qquad (5-1)$$

式中:λ_E 为元件的等效年故障率;$(\lambda_g)_i$ 为第 i 类部件的通用故障率;$(\pi_Q)_i$ 为第 i 类部件的质量系数;N_i 为第 i 类部件的数量;n 为部件种类数。

对于电子元件计算其故障率,需要用通用故障率 λ_g 乘以操作、环境应力系数,一般包括质量系数 π_Q。

以国网智能电网研究院提出的电力电子变压器的拓扑建立可靠性模型，其拓扑见图 5-2。电力电子变压器分为 3 级结构：输入级、隔离级（含 DC/AC、AC/AC、AC/DC）、输出级。其中，输入级采用基于箝位双子模块（Clamp Double Sub-Module，CDSM）的模块化多电平换流器（Modular Multilevel Converter，MMC）结构，隔离级 DC/DC 变换器采用输入串联输出并联（Input Series Output Parallel，ISOP），输出级为三相四桥臂逆变器。输入级与 10kV 交流主网相连，用于将 10kV 交流电压变换成 ±10kV 直流电压，直流侧接入 ±10kV 直流网络；隔离级将 ±10kV 直流电压转换成 750V 直流电压，与 750V 低压直流网络连接；输出级在 750V 直流母线上接 1 个或多个 DC/AC 模块用于向低压交流负荷供电。图 5-2 中，U_{sa}、U_{sb}、U_{sc} 表示 10kV 交流配电网三相电压，L_{arm} 为桥臂电感，R 为中压直流侧箝位电阻器。

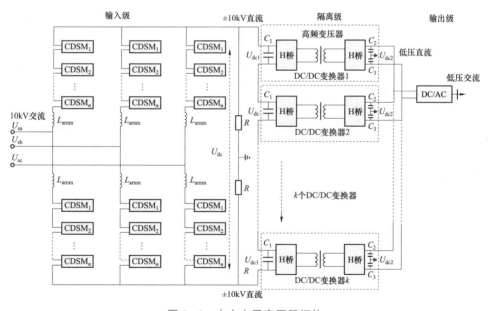

图 5-2 电力电子变压器拓扑

5.2.1.1 输入级可靠性模型

在 CDSM-MMC 三相中，每相由上、下 2 个桥臂，每个桥臂由桥臂电抗 L_{arm} 和 5 个 CDSM 构成。其中，CDSM 由 2 个等效半桥子模块（Half Bridge Sub-Module，HBM）、2 个钳位二极管和 1 个引导 IGBT 构成，拓扑见图 5-3。

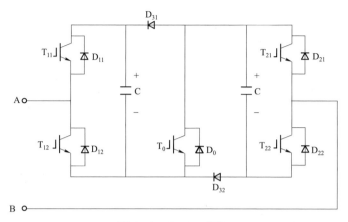

图 5-3　CDSM 拓扑

因此，CDSM 的可靠性模型为 IGBT 模块和储能电容 C 两部分串联，任何一个元件的故障都会导致 CDSM 故障，其可靠性模型见图 5-4。

图 5-4　CDSM 可靠性模型

通过查阅文献，CDSM 及桥臂电感的可靠性参数见表 5-2。根据式（5-1）求出 CDSM 各部件的等效年故障率，利用式（4-5）计算得到 CDSM 子模块串联系统的等值故障率 λ_s，CDSM 的年故障率预测值为 0.032 612 次/年。

表 5-2　　　　　　　　　CDSM 及桥臂电抗的可靠性参数

序号	部件	数量（个）	质量系数	通用故障率（次/年）	等效故障率（次/年）
1	IGBT 模块	5	1	0.006 249 0	0.031 245
2	储能电容	2	3	0.000 227 8	0.000 984
3	桥臂电感	2	1	0.000 001 9	0.000 003 8

CDSM-MMC 桥臂的可靠性模型为桥臂电感 L_{arm} 和 CDSM 两部分串联，其可靠性模型见图 5-5。

图 5-5　CDSM-MMC 桥臂可靠性模型

考虑到现阶段电力电子器件可靠性不高，通常会对 CDSM 子模块进行冗余配置。假设采用 10% 热备用的冗余设计，且备用元件在备用状态时不会发生故障。当运行中的子模块发生故障，则退出运行，由备用的子模块迅速进入工作状态，保证系统正常运行不受影响，每个子模块只有故障、正常 2 种状态。

CDSM-MMC 单桥臂有 11 个 CDSM，其中 10 个以上处于正常状态时，CDSM 的单桥臂能正常工作，采用 n 中取 k 表决系统对其可靠性进行计算。设 CDSM 的寿命服从指数分布，且其故障率均 λ_{CDSM}，则 CDSM-MMC 单桥臂 CDSM 部分的可靠度为

$$R(t) = \sum_{i=k}^{n} [C_n^i \mathrm{e}^{-it\lambda_{CDSM}} (1 - \mathrm{e}^{-it\lambda_{CDSM}})]^{n-i} \qquad (5-2)$$

单桥臂 CDSM 部分的平均无故障时间（Mean Time Between Failure，MTBF）为

$$MTBF = \int_0^\infty R(t)\,\mathrm{d}(t) = \frac{1}{\lambda_{CDSM}} \sum_{i=k}^{n} \frac{1}{i} \qquad (5-3)$$

单桥臂 CDSM 部分的故障率为

$$\lambda = \frac{1}{MTBF} \qquad (5-4)$$

桥臂电抗的参数参见表 5-2 中数据，根据式（5-1）得到其等效故障率为 0.000 003 8。根据对 CDSM-MMC 结构分析及式（5-2）～式（5-4），CDSM-MMC 的故障率计算表见表 5-3。

表 5-3　　　　　　　　　　CDSM-MMC 的故障率计算表

计算过程	部件	数量（k/n）	故障率（次/a）	备注
已知	CDSM	—	0.032 612 0	
	桥臂电感	—	0.000 003 8	
计算	单相 CDSM 部分	10/11	0.170 824 0	式（5-2）～式（5-4）
	单相 CDSM-MMC	—	0.170 827 5	式（4-5）
	三相 CDSM-MMC	—	0.512 500 0	

综上，在 CDSM 10% 冗余的情况下，输入级 CDSM-MMC 的年故障率预测值为 0.512 5 次/年。以现有的技术条件，CDSM-MMC 修复时间难以预测，

参照相近电压等级的整流器备用替换时间，预测 CDSM-MMC 备用替换时间约为 16h。

5.2.1.2　隔离级可靠性模型

隔离级 DC/DC 变换器由采用输入串联输出并联方式的 10 个 DC/DC 变换器单元构成。该类型的变压器通过改变 DC/DC 变换器的个数而应用于不同电压等级，主要适用于输入侧电压高、输出侧电压低的场合。

每个 DC/DC 变换器由 2 个 H 桥、1 个高频隔离变压器、高压侧电容 C1 以及低压侧电容 C2 和 C3 组成，拓扑结构见图 5-6。

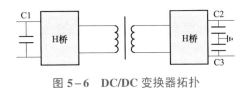

图 5-6　DC/DC 变换器拓扑

因此，DC/DC 变换器的可靠性模型为 H 桥、高频隔离变压器、高压侧电容 C1 以及低压侧电容 C2 和 C3 五部分串联，任何一个元件的故障都会导致 DC/DC 变换器故障，其可靠性模型见图 5-7。

图 5-7　DC/DC 变换器可靠性模型

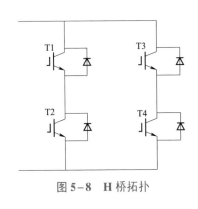

图 5-8　H 桥拓扑

其中，H 桥由 4 个 IGBT 模块构成，拓扑见图 5-8。因此，H 桥的可靠性模型为 4 个 IGBT 模块串联，任何一个元件的故障都会导致 H 桥故障，H 桥可靠性模型见图 5-9。

按照输入级年故障率计算方法，逐级进行计算，先求出 H 桥部件的等效年故障率，再利用串联模型的可靠性计算 H 桥的年故障率预测值为 0.024 5 次/年，见表 5-4。

图 5-9　H 桥可靠性模型

表 5-4　　　　　　　　　　　H 桥的可靠性计算表

计算过程	部件	数量（个）	质量系数	通用故障率（次/年）	等效故障率/故障率（次/年）
已知	IGBT 模块	4	1	0.006 249	0.024 5
计算	H 桥	—			0.024 5

同样，可计算出 DC/DC 变换器单元的年故障率预测值为 0.073 206 8 次/年，见表 5-5。

表 5-5　　　　　　　　　DC/DC 变换器单元的故障率计算表

计算过程	部件	数量（个）	质量系数	通用故障率（次/年）	等效故障率/故障率（次/年）
已知	H 桥	2	—	0.024 500 0	0.049 000 0
	C	3	10	0.001 139 0	0.024 170 0
	高频变压器	1	1	0.000 036 8	0.000 036 8
计算	DC/DC 变换器	—			0.073 206 8

同样，对 DC/DC 变换器单元进行冗余配置。假设采用 10%热备用的冗余设计，且备用元件在备用状态时，不会发生故障。当运行中的 DC/DC 变换器发生故障，则退出运行，由备用的 DC/DC 变换器单元迅速进入工作状态，保证系统正常运行不受影响。

隔离级 DC/DC 变换器有 11 个 DC/DC 变换器单元，其中 10 个以上处于正常状态时，中间级能正常工作。采用 n 中取 k 表决系统对其可靠性进行计算。设 DC/DC 变换器的寿命服从指数分布，且其故障率均为$\lambda_{DC/DC}$。

根据以上对 DC/DC 变换器结构分析及式（5-2）～式（5-4），DC/DC 变换器的可靠性参数见表 5-6。

表 5-6　　　　　　　　　DC/DC 变换器的可靠性参数

模块	数量（k/n）	部件故障率/故障率（次/年）
DC/DC 变换器	—	0.073 206 8
中间级	10/11	0.383 464 2

因此，在 DC/DC 变换器 10%冗余的情况下，隔离级 DC/DC 变换器的年

故障率预测值为 0.383 464 2 次/年。参照相近电压等级的交流变压器的备用替换时间，预测 DC/DC 变换器备用替换时间约为 10h。

5.2.1.3 输出级可靠性模型

输出级 DC/AC 模块为三相四桥臂逆变器，把低压直流电压逆变为三相四线的交流电压，用于向低压交流负荷供电。DC/AC 模块由 8 个 IGBT 模块、3 个滤波电容、3 个滤波电感组成，其拓扑见图 5-10。

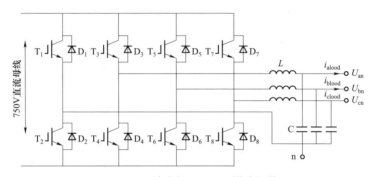

图 5-10 输出级 DC/AC 模块拓扑

则 DC/AC 模块的可靠性模型由 IGBT 模块、滤波电容 C、滤波电感 L 三部分串联，见图 5-11。

图 5-11 DC/AC 模块可靠性模型

根据以上对 DC/AC 变换器结构分析及式（5-2）和式（4-5），DC/AC 模块的可靠性参数见表 5-7。

表 5-7　　　　　　　　DC/AC 模块的可靠性参数

计算过程	部件	数量（个）	质量系数	通用故障率（次/年）	部件故障率/故障率（次/年）
已知	IGBT 模块	8	1	0.006 249 0	0.049 992 0
	滤波电容	3	3	0.000 166 4	0.001 497 6
	滤波电感	3	3	0.000 028 0	0.000 252 0
计算	DC/AC 模块	—	—	—	0.051 740 0

因此，DC/AC 模块的年故障率预测值为 0.051 74 次/年，经查阅文献，DC/AC 模块的修复时间约为 26h。

5.2.2　直流断路器可靠性模型

　　根据直流断路器中开断器件原理的不同，将直流断路器分为 3 类：机械式直流断路器、全固态式直流断路器、混合式直流断路器。

　　机械式直流断路器导通损耗低，开断故障能力强，但振荡过程需要相对较长的时间，而且机械开关开断速度慢，开断时间较长。随着电力电子器件的发展，逐渐出现了以晶闸管、全控型电力电子器件作为开关元件的固态断路器。全固态式直流断路器可靠性高、寿命长、无触头，开断时间通常为几个毫秒，适用于开断速度要求高的场合。但由于单个固态开关电压、电流等级较低，用于高压大容量直流系统需要串联大量的电力电子器件，致使其结构和控制复杂、造价昂贵、占地面积大；同时，固体开关通态损耗大。因此，全固态式直流断路器不适用于高压大容量直流系统，主要应用于中低压领域。

5.2.2.1　全固态式直流断路器可靠性模型

　　全固态式直流断路器主要由固态开关支路和吸能支路组成，基本结构如图 5-12 所示。正常运行时，电流直接通过固态开关支路；故障发生时，电力电子器件迅速关断，断路器两端电压升高至吸能支路动作阈值，吸能支路动作并吸收能量，完成直流电流开断。

图 5-12　全固态式直流断路器基本结构

　　全固态式直流断路器拓扑示例如图 5-13 所示，固态开关支路选用 IGBT 与二极管反并联；吸能支路采用金属氧化物压敏电阻（Metal Oxide Varistor，MOV）作为吸收限压元件，RC 回路迅速吸收关断能量。

　　由图 5-13 可知，全固态式直流断路器主要由 IGBT 模块、MOV、RC 回路 3 个部分串联组成。因此，全固态式直流断路器的可靠性评价模型为 3 个部分的串联结构，如图 5-14 所示。

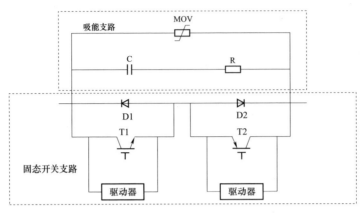

图 5-13　全固态式直流断路器拓扑示例

图 5-14　全固态式直流断路器可靠性模型

根据以上对全固态式直流断路器结构分析及式（5-1）和式（4-5），可得全固态式直流断路器的可靠性参数见表 5-8。

表 5-8　　　　　　　　全固态式直流断路器的可靠性参数

计算过程	部件	数量（个）	质量系数	通用故障率（次/年）	部件故障率/故障率（次/年）
已知	IGBT 模块	2	1	0.006 249 0	0.012 498
	MOV	1	1	0.001 320 0	0.001 320 0
	R	1	3	0.000 175 2	0.000 525 6
	C	1	3	0.000 166 4	0.000 499 2
计算	低压全固态式直流断路器	—	—	—	0.014 843 0

由表 5-8 可知，全固态式直流断路器的年故障率预测值为 0.014 843/年，当直流断路器故障时，同样考虑备用替换的方案，经查阅文献替换时间为 10h。

5.2.2.2　混合式直流断路器可靠性模型

混合式直流断路器基本结构见图 5-15。正常运行时，电流通过载流转移支路，通态损耗较低；故障发生后，故障电流移至固态开关支路；由固态开关

支路、吸能支路开断故障电流。混合式
直流断路器结合了机械式直流断路器
和全固态直流断路器的特点，具有通态
损耗小、开断故障快等优点。

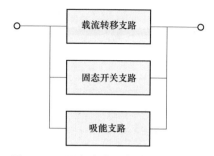

图 5-15 混合式直流断路器基本结构

混合式直流断路器的拓扑示例见
图 5-16。载流转移支路采用 3 只晶闸
管器件串联，IGBT 模块强迫电流向载
流转移支路换流，完成快速换流过程。载流转移支路采用 5 只压接式 IGBT 串
联，以及 RCD 动态吸能电路和静态均压电路，以保证关断过程动态和静态均
压。吸能支路与两个支路并联，避雷器在关断瞬间限制电压尖峰，吸能系统中
残余的能量，完成开断直流电流。

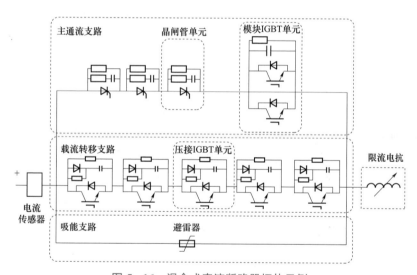

图 5-16 混合式直流断路器拓扑示例

由图 5-16 可知，混合式直流断路主要由晶闸管单元、模块 IGBT 单元、
载流转移支路压接 IGBT 单元、避雷器、限流电抗、控制保护系统 6 个部分串
联而成。因此，混合式直流断路器的可靠性评价模型为 6 个部分的串联结构，
见图 5-17。

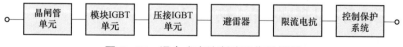

图 5-17 混合式直流断路可靠性模型

根据以上对混合式直流断路结构分析及式（5-1）和式（4-5），可得混合式直流断路的可靠性参数见表 5-9。

表 5-9 混合式直流断路的可靠性参数

计算过程	部件	数量（个）	质量系数	通用故障率（次/年）	元件故障率/故障率（次/年）
已知	晶闸管	3	5.5	0.000 175 2	0.002 890
	IGBT	7	1	0.006 249 0	0.043 740
	R	11	3	0.000 175 2	0.005 781
	C	6	3	0.000 166 4	0.002 995
	限流电抗	1	3	0.000 028 0	0.000 084
	避雷器	8	1	0.001 320 0	0.010 560
	控制保护系统	1	—	—	0.251 430
计算	混合式直流断路器	—	—	—	0.317 480

混合式直流断路器的年故障率预测值为 0.317 48 次/年，当直流断路器故障时，同样考虑备用替换的方案，经查阅文献其替换时间为 10h。

5.3 含柔性变电站的配电网可靠性分析模型

配电网可靠性分析方法大致归为三类：解析法、模拟法和人工智能算法。贝叶斯网络属于解析法的一种，它能很好地表示不确定性信息，通过不确定性推理，对目标做出预测、分类和因果分析。因此，在系统的可靠性分析中引入贝叶斯网络，能够很好地弥补传统可靠性分析方法的不足。

贝叶斯网络应用于含柔性变电站的配电网可靠性分析研究，需要首先构建网络中元件、集中式光伏以及直流线路的贝叶斯网络节点模型；然后根据给定的系统参数计算可靠性效益计算所需的指标，以及该配电网的可靠性指标；最后与采用传统变压器的配电网可靠性进行比较。

5.3.1 元件的贝叶斯网络节点模型

建立配电网的贝叶斯网络模型，需把元件的可靠性模型转化为贝叶斯网络模型中的节点。根据第 4 章介绍的贝叶斯网络理论，交直流配电网中每一个元件在贝叶斯网络中为一个根节点，根节点概率分布对应为元件的状态概率。根据元件的可靠性模型，计算出对应状态的概率值。

配电网中大多数元件的可靠性模型为二状态模型，元件的状态分为正常运行状态和故障修复状态，分别对应元件的可靠度和不可靠度。因此，可以根据二状态模型的特性，建立相应的贝叶斯网络模型。

含柔性变电站的交直流配电网所含元件主要包括变压器、架空线、母线、断路器、DC/DC 换流站、电力电子变压器、集中式光伏。其中，变压器、架空线、母线、DC/DC 换流站、电力电子变压器等为二状态模型元件，集中式光伏为三状态模型元件，断路器为四状态模型元件。需要注意的是，由于直流断路器的扩大型故障状态的可靠性参数难以收集，因此把直流断路器连同交流断路器简化为二状态元件。

以电力电子变压器为例建立二状态模型元件的贝叶斯网络模型，其他二状态元件的建模步骤相同。

电力电子变压器由输入级 CDSM-MMC、隔离级 DC/DC 变换器、输出级 DC/AC 逆变器 3 部分组成，把电力电子变压器每一部分视为一个元件，根据端口的使用方式，分析电力电子变压器参与运行的环节，以此确定电力电子变压器的可靠性参数。

对于输入级 CDSM-MMC，根据 5.2.1 建模结论，CDSM-MMC 的年故障率预测值为 $\lambda_{\text{CDSM-MMC}} = 0.512\,5$ 次/年，平均修复时间为 $MTTR_{\text{CDSM-MMC}} = 16\text{h}$，根据式（4-2）～式（4-4），得到 CDSM-MMC 的可靠度为

$$R_{\text{CDSM-MMC}} = 9.361 \times 10^{-4} \qquad (5-5)$$

则输入级 CDSM-MMC 的贝叶斯网络模型的状态为 "0" "1"，对应的可靠度参数和不可靠度参数分别为 0.000 936 1、0.999 063 9。其中，"1" 表示元件正常运行，"0" 表示元件故障修复状态。

5.3.2　集中式光伏的贝叶斯网络节点模型

对于集中式光伏电站，当发电单元出现故障时，一般仅是其内部若干个太阳电池板的故障，对于一个发电单元上百个太阳电池板而言，其影响是微乎其微的，可以不予考虑。但由于光伏出力受到多重因素的影响，导致光伏功率输

出具有随机性。当光伏稳定输出时，配电网相当于多一个电源点，配电网的可靠性会提高；当光伏受到天气、光照等的影响，光伏输出为不足以单独满足负荷点的供电需求时，对于负荷而言，相当于单电源供电，供电可靠性降低。对于配电网和用户而言，集中式光伏的可靠性取决于集中式光伏是否能提供电源。因此，集中式光伏的贝叶斯网络模型可根据集中式光伏的出力情形建立。

集中式光伏作为一种三状态模型，分为全额运行状态、降额运行状态、故障修复状态，但进行可靠性分析时，可以把集中式光伏功率输出不足以单独满足负荷的情况和集中式光伏故障情况归为一类考虑，即集中式光伏无出力。由于配电网和用户的可靠性指标均以年为计量单位，可以根据集中式光伏的年运行时间简化集中式光伏的可靠性建模，因此将集中式光伏分为有出力和无出力两种情况，即

$$R = \frac{T_p}{T_N} \tag{5-6}$$

式中：T_p 为 1 年中光伏出力单独满足负荷的小时数；T_N 为 1 年的总小时数；R 为 1 年中光伏出力单独满足负荷的小时数的比率。

因此，集中式光伏的节点的状态为"0""1"，对应的参数为（1−R）、R。其中，"1"表示光伏输出功率能单独满足负荷，"0"表示光伏输出功率不能单独满足负荷。

5.3.3 直流线路的贝叶斯网络节点模型

在柔性变电站示范工程中，集中式光伏接入柔性变电站的直流线路采用双极形式，直流线路正常工作时，直流电流流过两极线路，当线路出现单极故障时，通过直流断路器的倒闸操作，迅速切换到单极运行方式，使该线路末端保持正常供电。因此，需要对直流线路模型进行相应修正。

假设直流线路单位长度单极故障率为 λ_m，修复时间为 r_m，线路单位长度总故障率为 λ_t，修复时间为 r_t，线路长度为 L，则修正后的线路故障率和年平均故障时间分别为

$$\lambda = \lambda_t - \lambda_m \tag{5-7}$$

$$U = \lambda_t r_t - \lambda_m r_m \qquad (5-8)$$

将修正后的直流线路的可靠性参数代入贝叶斯网络模型中,可得到考虑了直流线路单极运行的配电网可靠性。

5.3.4 配电网的贝叶斯网络模型

在不影响与常规变电站配电网可靠性对比的前提下,为了简化柔性变电站配电网可靠性分析,这里仅考虑直流断路器对交直流配电网可靠性的影响。

以图 2-6 为例,负荷的电源来自主网和集中式光伏。其中,主网与大电网相连,可靠性较高,假设其可靠性为100%。根据集中式光伏是否有出力,交流负荷有两种供电路径,见图5-18。

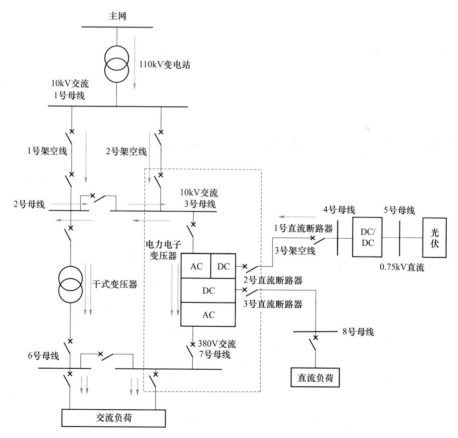

图 5-18　交流负荷点的供电路径

当集中式光伏有出力时，有两个电源，一个为主网经 110kV 变电站、10kV 高压母线、干式变压器与柔性变电站、低压 380V 母线向交流负荷供电；另一个是集中式光伏经 DC/DC 换流站和电力电子变压器的输入级、10kV 高压母线、干式变压器向交流负荷供电；或经过 DC/DC 换流站、电力电子变压器的隔离 DC/DC 变换器和 AC 输出级、380V 低压母线向交流负荷供电。

当集中式光伏无出力时，仅有主网一个电源，供电路径为主网经 110kV 变电站、10kV 高压母线、干式变压器与柔性变电站、低压 380V 母线向交流负荷供电。

根据交流负荷点的供电路径，得到向交流负荷供电路径的最小路集有：

{110kV 变压器、1 号母线、1 号架空线、2 号母线、干式变压器、6 号母线}；

{110kV 变压器、1 号母线、2 号架空线、3 号母线、2 号母线、干式变压器、6 号母线}；

{110kV 变压器、1 号母线、2 号架空线、3 号母线、电力电子变压器（输入级、中间级、输出级）、7 号母线}；

{110kV 变压器、1 号母线、1 号架空线、2 号母线、3 号母线、电力电子变压器（输入级、中间级、输出级）、7 号母线}；

{集中式光伏、5 号母线、DC/DC 换流站、4 号母线、1 号直流断路器、2 号直流断路器、3 号架空线、电力电子变压器（中间级、输出级）、7 号母线}；

{集中式光伏、5 号母线、DC/DC 换流站、4 号母线、1 号直流断路器、2 号直流断路器、3 号架空线、电力电子变压器（输入级）、3 号母线、2 号母线、干式变压器、6 号母线}。

其中，最小路集内各元件是"与"的关系，即只要有一个元件处于故障状态，该最小路故障；最小路集间是"或"的关系，即只要有一个最小路集内所有元件处于正常状态，系统正常工作。

直流负荷点的供电路径见图 5-19，也分为集中式光伏有出力和没有出力两种情况。

当集中式光伏有出力时，负荷供电路径有：主网经 110kV 变电站、10kV 高压母线和电力电子变压器的 DC/DC 变换器向直流负荷供电；主网经 110kV

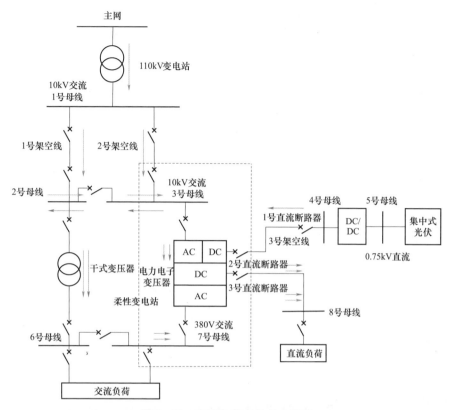

图 5-19 直流负荷点的供电路径

变电站、10kV 高压母线、干式变压器、电力电子变压器的 AC/DC 输出级和低压 750V 直流母线向直负荷供电；集中式光伏经 DC/DC 换流站、电力电子变压器的隔离 DC/DC 变换器、750V 低压直流母线向直流负荷供电；集中式光伏经 DC/DC 换流站、电力电子变压器的输入级、10kV 高压母线、干式变压器、380V 低压交流母线、电力电子变压器的 AC/DC 输出级和低压 750V 直流母线向直负荷供电。

当集中式光伏无出力时，仅有主网一个电源，供电路径为主网经 110kV 变电站、10kV 高压母线、干式变压器与柔性变电站、低压 750V 向直流负荷供电。

根据直流负荷点的供电路径，得到向直流负荷供电路径的最小路集有：

{110kV 变压器、1 号母线、1 号架空线、2 号母线、3 号母线、电力电子变压器（输入级、中间级）、3 号直流断路器、8 号母线}；

{110kV 变压器、1 号母线、2 号架空线、3 号母线、电力电子变压器（输入级、中间级）、3 号直流断路器、8 号母线}；

{110kV 变压器、1 号母线、1 号架空线、2 号母线、干式变压器、6 号母线、7 号母线、电力电子变压器（输出级）、3 号直流断路器、8 号母线}；

{110kV 变压器、1 号母线、2 号架空线、3 号母线、2 号母线、干式变压器、6 号母线、7 号母线、电力电子变压器（输出级）、3 号直流断路器、8 号母线}；

{集中式光伏、5 号母线、DC/DC 换流站、4 号母线、1 号直流断路器、2 号直流断路器、3 号架空线、电力电子变压器（中间级）、3 号直流断路器、8 号母线}；

{集中式光伏、5 号母线、DC/DC 换流站、4 号母线、1 号直流断路器、2 号直流断路器、3 号架空线、电力电子变压器（输入级）、3 号母线、2 号母线、干式变压器、6 号母线、7 号母线、电力电子变压器（输出级）、3 号直流断路器、8 号母线}。

其中，最小路集内各元件间是"与"的关系，最小路集间是"或"的关系。

根据以上交流、直流负荷点最小路集的分析，建立含柔性变电站的配电网贝叶斯网络模型。其中，交流负荷贝叶斯网络模型见图 5-20，直流负荷贝叶斯网络模型见图 5-21。

以图 5-20 为例，第一层是元件层，是根节点，包括变压器、母线、架空线、电力电子变压器、直流断路器、集中式光伏、DC/DC 换流站等；第二层是中间节点，是子节点，代表 6 个最小路集，元件间是"与"的关系，中间节点的状态有正常和故障状态，其条件概率表根据元件间的"与"关系，只要有一个元件处于故障状态，则该最小路故障；第三层是负荷层，代表交流负荷，是目标事件，最小路集间是"或"的关系，只要有一个最小路集内所有元件处于正常状态，系统正常工作。根据这些节点之间的逻辑关系，建立该系统的条件概率表，表 5-10 是目标节点的条件概率表，$AZ_1 \sim AZ_6$ 为 6 个最小路集，"0"表示故障状态，"1"表示正常状态。其他条件概率表以此类推。

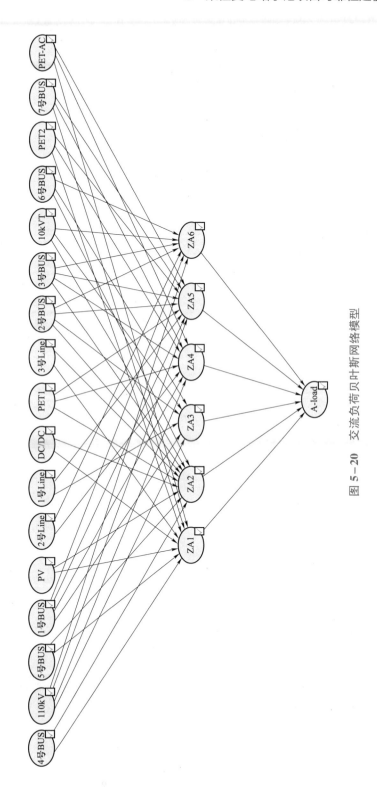

图 5-20　交流负荷贝叶斯网络模型

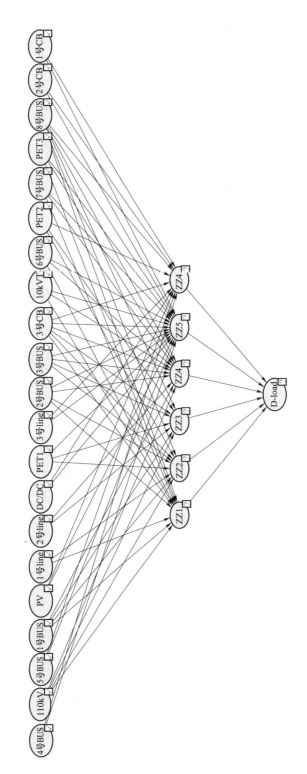

图 5-21 直流负荷贝叶斯网络模型

表 5-10　　　　　　目标节点的条件概率表

AZ_1	AZ_2	AZ_3	AZ_4	AZ_5	AZ_6	$P(A_{\_load}|AZ_1, AZ_2, AZ_3, AZ_4, AZ_5, AZ_6)$
1	1	1	1	1	1	1
0	1	1	1	1	1	1
1	0	1	1	1	1	1
…	…	…	…	…	…	…
0	0	0	0	0	1	1
0	0	0	0	0	0	0

注　由于 AZ_1, …, AZ_6 的组合情况有 64 种组合，表中未全部列出，"…"表示省略的组合。

5.4　柔性变电站示范项目的可靠性计算

5.4.1　配电网可靠性指标

按照评估对象的不同，配电网可靠性指标分为负荷点可靠性指标和系统可靠性指标。负荷点可靠性指标是指单个负荷点的可靠程度，如负荷点平均故障率、负荷点停电持续时间等，可用于分析用户的可靠性；系统可靠性指标是指整个配电网的可靠程度，如系统平均停电频率、系统平均停电持续时间等，可由负荷点可靠性指标推出。

5.4.1.1　负荷点可靠性指标

负荷点可靠性指标有 3 个：负荷点平均故障率、负荷点平均停电持续时间、负荷点年不可用率。

（1）负荷点平均故障率。负荷点平均故障率是指某个负荷点在一年中因元件故障造成的停电次数，反映该负荷点供电可靠性的高低，单位是次/a，用 λ 表示，该值越小越好。

（2）负荷点平均停电持续时间。负荷点平均停电持续时间是指从停电开始到恢复供电的持续时间的平均值，反映故障发生后供电恢复能力，单位是 h/次，用 r 表示，该值越小越好。

（3）负荷点年不可用率。负荷点年不可用率指的是负荷点在一年中总停电时间，单位是 h/年，用 U 表示，该值越小越好。

5.4.1.2　系统可靠性指标

负荷点可靠性指标不能完全反映整个配电网的可靠性水平，因而需要借助系统可靠性指标，系统可靠性指标可根据负荷点的可靠性指标推导。

（1）系统平均停电频率指标。系统平均停电频率指标（System Average Interruption Frequency Index，SAIFI）是指在单位时间内系统中平均每个用户持续性停电次数，单位为次/（用户·年），该值越小越好。

$$\text{SAIFI} = \frac{\sum_{i \in C} \lambda_i N_i}{\sum_{i \in C} N_i} \tag{5-9}$$

式中：λ_i 为负荷点 i 的故障率；N_i 为负荷点 i 的用户数；C 为系统所有负荷点的集合。

（2）系统平均停电持续时间指标。系统平均停电持续时间指标（System Average Interruption Duration Index，SAIDI）是指在单位时间内系统中平均每个用户的总停电时间，单位为 h/（用户·年），该值越小越好。

$$\text{SAIDI} = \frac{\sum_{i \in C} U_i N_i}{\sum_{i \in C} N_i} \tag{5-10}$$

式中：U_i 为负荷点 i 的年不可用率，h/年。

（3）用户平均停电频率指标。用户平均停电频率指标（Costumer Average Interruption Frequency Index，CAIFI）是指在单位时间内系统中每个受停电影响的用户的平均持续性停电次数，单位为次/（停电用户·年），该值越小越好。

$$\text{CAIFI} = \frac{\sum_{i \in C} \lambda_i N_i}{\sum_{i \in C} M_i} \tag{5-11}$$

式中：M_i 为负荷点 i 受停电影响的用户数。

（4）用户平均停电持续时间指标。用户平均停电持续时间指标（Costumer Average Interruption Duration Index，CAIDI）指在单位时间内系统中每个受停电影响的用户的平均停电持续时间，单位为 h/（停电用户·年），该值越小越好。

$$\text{CAIDI} = \frac{\sum_{i \in C} U_i N_i}{\sum_{i \in C} \lambda_i N_i} \tag{5-12}$$

（5）系统平均供电可用度指标。系统平均供电可用度指标（Average Supply Availability Index，ASAI）表示在单位时间内用户不停电小时总数与用户要求的总供电小时数之比，该值越大越好。

$$\text{ASAI} = \frac{\sum_{i \in C} 8760 N_i - \sum_{i \in C} U_i N_i}{\sum_{i \in C} 8760 N_i} \tag{5-13}$$

则系统平均供电不可用度指标（Average Supply Unavailability Index，ASUI）为 1−ASAI，该值越小越好。

（6）系统总电量不足。系统总电量不足（Energy Not Supplied，ENS）是指系统在一年中因停电而造成的用户总电量损失，该值越小越好。

$$\text{ENS} = \sum_{i \in C} L_{ai} U_i \tag{5-14}$$

式中：L_{ai} 为负荷点 i 的平均负荷，kW；U_i 为负荷点 i 的平均停运时间，h。

（7）系统平均电量不足。系统平均电量不足（Average Energy not Supplied，AENS）是指系统一年中总的停电电量损失平均到系统内每个用户的电量，该值越小越好。

$$\text{AENS} = \frac{\sum_{i \in C} L_{ai} U_i}{\sum_{i \in C} N_i} \tag{5-15}$$

5.4.2 含柔性变电站的配电网可靠性计算

将前述含柔性变电站的配电网元件可靠性参数（见附录 B），输入到含柔性变电站的配电网贝叶斯网络模型，经贝叶斯网络前向推理计算得到交流、直流负荷点的可靠性。交流负荷点的供电可靠度为 0.999 895 44，直流负荷的供电可靠度为 0.999 823 98，从而推得交直流负荷的年不可用率分别为 0.916 h、1.667 h，含柔性变电站的配电网负荷点可靠性指标见表 5−11。

表 5-11　　　　　　含柔性变电站的配电网负荷点可靠性指标

负荷类型	可靠度	不可靠度	年不可用率（h）
交流负荷	0.999 895 44	0.000 104 56	0.916
直流负荷	0.999 823 98	0.000 176 02	1.542

根据交流、直流负荷点的可靠性指标，进而算出含柔性变电站的配电网的平均供电可用率为 99.985 966%，平均停电持续时间为 1.229，总电量不足为 2574kW·h，达到了我国一般城市地区供电可靠率的 3 个 9（即 99.9%）的标准。含柔性变电站的配电网可靠性指标见表 5-12。

表 5-12　　　　　　含柔性变电站的配电网可靠性指标

对象	ASAI	ASUI	SAIDI [h/（用户·年）]	ENS （kW·h）
含柔性变电站的 配电网	0.999 859 66	0.000 140 34	1.229	2574

为了验证贝叶斯网络法的正确性，采用故障树法对上述拓扑进行可靠性指标 ASAI 计算，两种可靠性分析方法结果对比见表 5-13。

表 5-13　　　　　　　两种可靠性分析方法结果对比

方法	负荷点可靠度		交直流配电网
	交流负荷	直流负荷	ASAI
贝叶斯网络	0.999 895 44	0.999 823 98	0.999 859 65
故障树法	0.999 895 12	0.999 809 87	0.999 852 5

由表 5-13 知，两种方法的计算结果差别微小，验证了贝叶斯网络方法应用于该拓扑进行可靠性分析的正确性。

根据含柔性变电站的配电网贝叶斯网络模型，采用诊断推理，即交流、直流负荷点发生故障时，推理含柔性变电站的配电网中各元件的故障概率，以识别配电网的薄弱环节，或者据此确定发生故障时的各元件的检修顺序。

交流负荷点故障时，在集中式光伏有出力情形下，各元件发生故障的概率见表 5-14。当交流负荷点发生故障时，配电网各元件中故障概率最高的是电力电子变压器，其故障概率达到了 39.58%，是系统运行中最薄弱的环节；其次的是 1 号母线、110kV 变压器等，而与电力电子变压器构成双回路的 10kV 变压器发生故障的概率仅为 12.93%；直流断路器故障概率相对较高，这和直流短路器自身的故障率高有关。

表 5－14　交流负荷点故障时各元件故障的概率（集中式光伏有出力）

元件	故障概率	元件	故障概率
电力电子变压器中间级	0.291 5	110kV 变压器	0.254 8
电力电子变压器输出级	0.102 3	DC/DC 换流器	0.188 8
电力电子变压器输入级	0.002	直流断路器	0.156 4
1 号母线	0.305 7	10kV 变压器	0.129 3

直流负荷点故障时，在集中式光伏有出力情形下，各元件发生故障的概率见表 5－15。当直流负荷点发生故障时，配电网中各元件中故障概率最高的是 8 号母线，其故障概率达到了 79.94%；其次是 3 号直流断路器，是系统运行中最薄弱的环节，这是由于直流负荷的进线端只有一条 8 号母线，线路结构简单，8 号母线发生故障导致直流负荷断电。因此，直流负荷点供电中断时，8 号母线的故障概率最高。3 号直流断路器由电力电子器件组成，其故障率相对较高。除 8 号母线外，电力电子变压器的故障概率占有很大比例，为 0.444%；而 10kV 变压器发生故障的概率仅为 0.035%。

表 5－15　直流负荷故障时各元件故障的概率（集中式光伏有出力）

元件	故障概率	元件	故障概率
8 号母线	0.799 40	DC/DC 换流器	0.001 10
3 号直流断路器	0.197 60	1 号母线	0.000 53
电力电子变压器中间级	0.002 56	110kV 变压器	0.000 44
电力电子变压器输出级	0.000 94	10kV 变压器	0.000 35
电力电子变压器输入级	0.000 94		

综上，无论交流、直流负荷点发生故障，电力电子变压器发生故障概率均较大；对于直流负荷而言，直流断路器发生故障概率大。因此，电力电子变压器、直流断路器是影响含柔性变压器的配电网可靠性的主要因素，是配电网中的薄弱环节。

根据含柔性变压器的配电网贝叶斯网络模型,利用推理算法,分别对交流负荷、直流负荷求部分元件的重要度,结果见表 5-16 和表 5-17。

表 5-16 交流负荷的部分元件重要度

指标	110kV 变压器	10kV 变压器	6 号母线	电力电子变压器	1 号直流断路器
关键重要度	0.830 2	0.001 493	0.001 493	0.000 214	0.000 021 4
结构重要度	0.830 3	0.001 493	0.001 493	0.000 215	0.000 021 4

表 5-17 直流负荷的部分元件重要度

指标	电力电子变压器	3 号直流断路器	110kV 变压器	6 号母线	10kV 变压器
关键重要度	0.999 810 3	0.999 826 7	0.829 9	0.001 27	0.001 27
结构重要度	1	1	0.830 0	0.001 12	0.001 27

由表 5-16 和表 5-17 知,对交流负荷而言,110kV 变压器的关键重要度和结构重要度最大,而电力电子变压器的值较小。由于配电网中有 2 个电源点,即主网和集中式光伏,集中式光伏出力的间歇长,当 110kV 降压变压器故障时,交流负荷的供电完全取决于集中式光伏;电力电子变压器和 10kV 变压器并联运行,两者中的一个正常运行时,交流负荷能得到正常供电。对直流负荷而言,电力电子变压器和直流断路器的结构重要度为 1。由于电力电子变压器只有一条直流母线出线,当电力电子变压器或直流断路器故障时,直流负荷的供电中断。因此,电力电子变压器、直流断路器是保持直流负荷正常供电极其重要的设备。

5.4.3 含传统变电站的配电网可靠性对比分析

为了分析引入柔性变电站后配电网的可靠性水平如何变化,构建了与示范工程拓扑相同的传统变电站的配电网,以对比分析含柔性变电站的配电网的可靠性水平。为了简化可靠性分析,仅考虑了传统变电站的配电网与直流断路器相同位置上的交流断路器。

以图 2-7 所示的系统接线图为例,含传统变电站的配电网拓扑与图 2-6类似,不同的是把柔性变电站内的一台电力电子变压器,换成了 3 号传统干式变压器。需要指出的是,由于含传统变电站的配电网线路传输功率都是交流,因此为交流配电网。

为保证两者的可比性，考虑到传统变电站不能直接接入集中式光伏等直流电源，设计集中式光伏通过 DC/AC 逆变器后经 1 号变压器升压至 10kV 后接入传统变电站的 10kV 的 3 号高压母线；为了交流配电网能接入直流负荷，在 7 号母线处加 AC/DC 换流器。为了简化可靠性分析，将图 2-6 中的直流断路器换成了交流断路器。

含传统变电站的配电网可靠性分析过程，同含柔性变电站的配电网的可靠性分析一样。首先将集中式光伏分为有出力和无出力两种情形，而后分析交流、直流负荷的供电路径，据此求出交流、直流负荷的最小路集，交流、直流负荷各有 6 个最小路集，根据其最小路集分别建立交流配电网的交流、直流负荷的贝叶斯网络模型，推理计算出交流配电网的可靠性指标。

将含传统变电站的配电网元件的可靠性参数，输入到该配电网对应的贝叶斯网络模型，经贝叶斯网络前向推理计算得到该网交流负荷点、直流负荷点的可靠性指标。交流负荷点的供电可靠度为 0.999 895 71，直流负荷点的供电可靠度为 0.999 816 27，从而推得交直流负荷的年不可用率分别为 0.913 6h、1.61h。含传统变电站的配电网负荷点可靠性指标见表 5-18。

表 5-18　　　　　　含传统变电站的配电网负荷点可靠性指标

负荷类型	可靠度	不可靠度	年不可用率（h）
交流负荷	0.999 895 71	0.000 104 29	0.913 6
直流负荷	0.999 816 27	0.000 183 73	1.61

根据交流负荷点、直流负荷点的可靠性指标，可以算出含传统变电站的配电网的平均供电可用率为 99.985 6%，平均停电持续时间为 1.262h，总电量不足为 2610kW·h，达到了我国供电可靠率一般城市地区的 3 个 9（即 99.9%）的标准。含传统变电站的配电网可靠性指标见表 5-19。

表 5-19　　　　　　含传统变电站的配电网可靠性指标

对象	ASAI	ASUI	SAIDI [h/（用户·年）]	ENS（kW·h）
含传统变电站的配电网	0.999 856	0.000 144	1.262	2610

为了对比分析含柔性变电站、传统变电站的配电网可靠性，指标对比见表 5-20。

表 5-20　　含柔性变电站和传统变电站的配电网可靠性指标对比

对象	ASAI	ASUI	SAIDI [h/（用户·年）]	ENS（kW·h）
含柔性变电站的配电网	0.999 859 66	0.000 140 34	1.229	2574
含传统变电站的配电网	0.999 856	0.000 144	1.262	2610

由表 5-20 可知，在现有技术条件下，含柔性变电站的配电网的系统平均供电可用率 ASAI、系统平均供电不可用率 ASUI、系统平均停电持续时间 SAIDI、系统总电量不足 ENS 这 4 个可靠性指标均略优于含传统变电站的交流配电网。

究其原因，有两个方面的原因：

一方面，柔性变电站中的电力电子变压器、固态直流断路器等设备较之传统的电力变压器、断路器的可靠性要低。这是因为：① 电力电子变压器为了实现变流、变压功能，内部采用多级变换，结构复杂；② 由于现阶段采用的是基于硅基的电力电子器件，单个电力电子器件电压等级低，需要大量的 IGBT 等电力电子器件串并联，方能制作成配电网使用的电力电子变压器，从而满足高电压等级的需求；③ 电力电子器件的制造工艺有待成熟，电力电子器件较之电力器件的故障率高，使得电力电子变压器、固态直流断路器相较于传统电力设备可靠性偏低。

另一方面，柔性变电站具有多个 AC、DC 接口，且具有一定的开断功能，可以大大简化配电网的结构，如变电站的主接线可以减少断路器的配置，在与直流设备相连时无需再增加变换装置。从可比的含传统变压器的配电网络看，集中式光伏需采用变流后升压的方式接入，增加了变流器；为了给直流负载供电，交流配电网络需通过加装 AC/DC 换流器后即可；因此传统交流配电网增加了不少的基于电力电子器件的变换装置。示范项目的柔性变电站外部连接比较简单的情况下，尚能实现配电网可靠性指标略优于含传统变压器的配电网。可以预见，当柔性变电站的外部交直流负载混合，将更大限度地体现其在简化网络结构上的优势，配电网的可靠性指标将进一步提高。

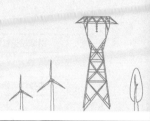

6 柔性变电站示范项目综合效益评价模型与分析

柔性变电站示范项目的综合效益评价与分析意义重大。选择系统动力学方法，按照柔性变电站示范项目综合效益评价建模步骤，在基于因果关系分析的基础上，确定了系统的速率变量、状态变量、辅助变量、常量，构建了柔性变电站示范项目综合效益评价分析用的 SD 模型；接着运用柔性变电站示范项目的实际数据，对技术效果、经济效益、社会效益进行了分析计算，并与传统站进行了比较，在考虑指标层权重的情况下，得到综合效益雷达图；最后，分别考虑 IGBT 材料价格变化因素、损耗下降以及用电需求变化等因素影响下，综合效益变化的灵敏度。

6.1 示范项目综合效益的系统动力学评价模型构建

6.1.1 系统动力学模型的建模步骤

系统动力学（System Dynamics，SD）模型涉及柔性变电站功能架构和技术特点，由柔性变电站示范项目的技术效益、经济效益、社会效益三方面及其影响因素变量组成的反馈环构成。通过输入柔性变电站示范工程的技术方案，如变电站损耗、总投资等参数，SD 模型将完成对柔性变电站综合效益评价的模拟，给出重点内生变量变化时相应评价指标的动态变化曲线，从而得到影响

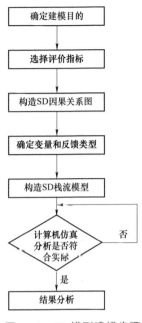

图 6-1 SD 模型建模步骤

因素与评价结果之间的关系，并可进一步做敏感性分析，对柔性变电站的综合效益进行评价，SD 模型建模步骤见图 6-1。

6.1.2 系统动力学模型的因果关系分析

柔性变电站示范项目的综合效益是指综合技术、经济、社会三个方面得到的效益，因此柔性变电站示范项目综合效益评价系统包括三个模块。但由于本文主要研究顶层的效益，对过于复杂的变电站内的技术指标之间的关系并不深入，因此，本文技术效果指标主要体现在与经济效益和社会效益之间的关联关系。除此之外，社会效益部分指标为定性指标，无法纳入综合效益评价 SD 模型。因此柔性变电站示范项目综合效益 SD 模型包括技术效果指标、经济效益指标、定量的社会效益指标。综合效益评价因果关系分析以经济效益和可量化的社会效益为主，技术效果指标作为其影响因素。

（1）无功电压支撑效益。无功电压支撑效益由单位无功容量投资和高压侧无功调节最大值决定，柔性变电站的功率因数调节范围决定了柔性变电站的有功和无功功率调节范围，因此，功率因数调节范围是影响无功电压支撑效益的重要因素。无功电压支撑效益因果关系图见图 6-2。

图 6-2 无功电压支撑效益因果关系图

（2）有功调节效益。有功调节效益由柔性变电站可以调节的有功功率以及有功功率调节的相关辅助服务价格决定，柔性变电站功率因数可调范围决定其高压侧有功调节范围。有功调节效益因果关系图见图 6-3。

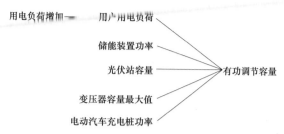

图 6-3　有功调节效益因果关系图

（3）节能效益。节能效益与优质电价和年综合损耗有关，而柔性变电站的损耗包括变压器损耗和线路损耗，节能效益因果关系图见图 6-4。

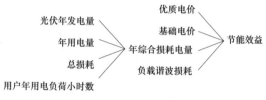

图 6-4　节能效益因果关系图

（4）供电效益。供电效益由年用电量和优质电价决定，影响供电效益的因素包括负荷大小、最大负荷利用小时数和电价。供电效益因果关系图见图 6-5。

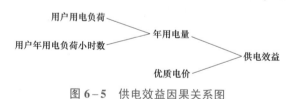

图 6-5　供电效益因果关系图

（5）可靠性效益。可靠性效益是指柔性变电站示范工程可靠性造成的停电损失，年停电时间、负荷和电价是影响柔性变电站可靠性效益的因素。可靠性效益因果关系图见图 6-6。

图 6-6　可靠性效益因果关系图

（6）环保效益。柔性变电站的环保效益由清洁能源年发电量决定，而清洁能源年发电量由其装机容量以及年发电小时数计算而得，因此，清洁能源发电装机容量和年发电小时数是影响环保效益的重要因素。环保效益因果关系图见图6-7。

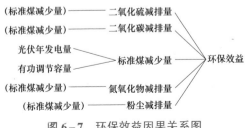

图6-7　环保效益因果关系图

柔性变电站示范项目综合效益评价的指标体系以经济效益、社会效益指标为核心，技术效果指标为支撑，系统分析了各关键指标之间的相互关联关系。柔性变电站示范项目综合效益评价指标因果关系图见图6-8。

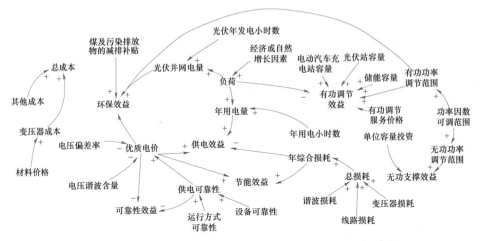

图6-8　柔性变电站示范项目综合效益评价指标因果关系图

由图6-8可以看出，各指标之间关联关系复杂，一个指标并不止受一个因素的影响，如环保效益受清洁能源并网电量和优质电价的正向影响，即清洁能源并网电量以及优质电价增加时，环保效益得到提升，而电价受电能质量的各指标的影响，如谐波含量、电压偏差等，清洁能源并网电量则受清洁能源发电小时数的影响。可以看出，系统动力学因果关系能够完整地表达各指标之间的关系，为进一步建立系统数学模型打下基础。

6.1.3 系统动力学模型的构建

系统动力学在建模仿真时借助于系统栈流图（Stock Flow Diagram，SFD），根据其中的因果关系、反馈进行仿真计算。SD 模型变量说明表如表 6-1 所示，栈流图把系统内的变量分为速率变量、状态变量、辅助变量和常量四大类。

表 6-1　　　　　　　　　　　　SD 模型变量说明表

变量类型	变量名称
速率变量	用电负荷增长率 变压器损耗率的变化率 变压器成本变化率
状态变量	用电负荷 变压器损耗率 变压器成本
辅助变量	优质电价 单位容量调峰价格 单位容量调频价格 二氧化碳/二氧化硫/氮氧化物/粉尘排量 光伏站容量 年最大负荷用电小时数 年停电时间等
常量	优质电价 用户年用电负荷小时数 标准煤减耗量 单位容量调峰价格 单位容量调频价格 二氧化碳/二氧化硫/氮氧化物/粉尘排量 光伏发电年平均利用小时数 年最大负荷用电小时数 年停电时间等

（1）速率变量（rate variable）。速率变量是直接改变状态变量值的变量，反映状态变量输入或输出的速度。本质上和辅助变量没有区别。速率变量及说明表见表 6-2 和表 6-3。

表 6-2　　　　　　　　　　速　率　变　量　表

变量类型	变量名称	符号
速率变量	用电负荷增长率	μ_1
	变压器损耗率的变化率	μ_2
	变压器成本变化率	μ_3

表 6−3　　　　　　　　　　　速 率 变 量 说 明 表

速率变量	计算公式	备注
用电负荷增长率（μ_1）	$\mu_1 = \rho_1 \times \omega_1 + C$	ω_1 表示经济影响或自然增长因素； ρ_1 表示影响系数； C 表示常数
变压器损耗率的变化率（μ_2）	$\mu_2 = \rho_2 \times \omega_2$	ω_2 表示新材料降损率； ρ_2 表示影响系数
变压器成本变化率（μ_3）	$\mu_3 = -\sigma \times \omega_3$	ω_3 表示材料价格变化率； σ 表示常系数

（2）状态变量（state variable）。状态变量或称积累变量，是最终决定系统行为的变量，随着时间的变化，当前时刻的值等于过去时刻的值加上这一段时间的变化量。状态变量及说明表见表 6−4 和表 6−5。

表 6−4　　　　　　　　　　　状 态 变 量 表

变量类型	变量名称	符号
状态变量	用户用电负荷	$P_L(t)$
	变压器损耗率	$\gamma(t)$
	变压器成本	$\sigma(t)$

表 6−5　　　　　　　　　　　状 态 变 量 说 明 表

状态变量	计算公式	初始值	单位
用电负荷 $P_L(t)$	$P_L(t) = P_L(0) + \int \mu_1 \times \mathrm{d}t$	$P_L(0) = 2.5$	MW
变压器损耗率 $\gamma(t)$	$\gamma(t) = \gamma(0) + \int \mu_2 \times \mathrm{d}t$	$\gamma(0) = 10\%$	%/台
变压器成本 $\sigma(t)$	$\sigma(t) = \sigma(0) + \int \mu_3 \times \mathrm{d}t$	$\sigma(0) = 1450$	万元

（3）辅助变量（auxiliary variable）。辅助变量的值通过对系统中其他变量的计算获得，当前时刻的值和历史时刻的值是相互独立的。辅助变量及说明表见表 6−6 和表 6−7。

表 6−6　　　　　　　　　　　辅 助 变 量 表

变量类型	变量名称	
辅助变量	传统变压器损耗 $P_{s11}(t)$	有功调节容量 $P_1(t)$
	电力电子变压器损耗 $P_{s12}(t)$	光伏年发电量 $W_3(t)$
	光伏站直流变压器损耗 $P_{s13}(t)$	标准煤减耗量 V

右上角：续表

变量类型	变量名称	
辅助变量	变压变换设备总损耗 $P_{s1}(t)$	年综合损耗电量 $W_1(t)$
	线路损耗 $P_{s2}(t)$	年用电量 $W_2(t)$
	谐波损耗 $P_{s3}(t)$	总损耗 $P_s(t)$

表 6-7   辅 助 变 量 说 明 表

辅助变量	计算公式	数值	单位	备注
传统变压器损耗 $P_{s11}(t)$	$P_{s11}(t) = P \times (1-\eta) \times n$	0.05	MW	P 表示变压器功率；η 表示变压器效率；n 表示变压器个数
电力电子变压器损耗 $P_{s12}(t)$	$P_{s12}(t) = P \times (1-\eta) \times n$	0.20	MW	P 表示 PET 功率；η 表示 PET 效率；n 表示 PET 个数
光伏站直流变压器损耗 $P_{s13}(t)$	$P_{s13}(t) = P \times (1-\eta)$	0.10	MW	P 表示变压变换设备功率；η 表示变压器效率
变压变换设备总损耗 $P_{s1}(t)$	$P_{s1}(t) = P_{s11} + P_{s12}(t) + P_{s13}(t)$	0.35	MW	
线路损耗 $P_{s2}(t)$	$P_{s2}(t) = P_{LJ} + P_{LD}$	0.025	MW	P_{LD} 表示直流线路损耗；P_{LJ} 表示交流线路损耗
谐波损耗 $P_{s3}(t)$	$P_{s3}(t) = P_{HH} + P_{HL}$	0.063	MW	P_{HH} 表示交流线路谐波损耗；P_{HL} 表示负载谐波损耗
有功调节容量 $P_1(t)$	$P_1(t) = \begin{cases} P_4 + P_5 + P_6 + P_L(t) \\ \left(\begin{array}{l} P_{1max} \geqslant P_4 + P_5 \\ + P_6 + P_L(t) \end{array}\right) \\ P_{1max} \\ \left(\begin{array}{l} P_{1max} < P_4 + P_5 \\ + P_6 + P_L(t) \end{array}\right) \end{cases}$	4	MW	P_4 表示储能装置功率；P_5 表示光伏站容量；P_6 表示电动汽车充电桩功率；P_L 表示用户用电负荷；P_{1max} 表示变压器容量最大值
光伏年发电量 $W_3(t)$	$W_3(t) = \tau_2 \times P_2(t)$	3 727 500	kW·h	P_2 表示光伏装机容量；τ_2 表示光伏发电年平均小时数
标准煤减耗量 V	$V = \rho \times [W_3(t) + \tau_4 \times P_1(t)]$	1554.39	kg	ρ 表示标准煤折算系数；τ_4 表示 95%最大负荷时间数
年综合损耗电量 $W_1(t)$	$W_1(t) = \tau_3 \times P_s(t) + [W_2(t) - W_3(t)] \times \gamma(t) \times 0.96 \times 0.98$	3937.51	kW·h	$\gamma(t)$ 表示变压器损耗率
年用电量 $W_2(t)$	$W_2(t) = \tau_3 \times P_L(t)$	18 500	kW·h	τ_3 表示年最大负荷用电小时数
总损耗 $P_s(t)$	$P_s(t) = P_{s3}(t) + P_{s2}(t) + P_{s1}(t)$	438.26	kW	

注　柔性变电站示范工程参与有功调节的模块为储能装置和光伏，其中储能装置功率 P_4 为 2.5MW，光伏功率 P_5 为 1.5MW，因此 $P_1(t)$ 取值为4。

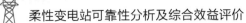

（4）常量（constant variable）。常量指的是不随时间变化的量。常量及说明表见表 6-8 和表 6-9。

表 6-8 常 量 表

变量类型	变量名称与符号	
常量	优质电价 β_1 基础电价 β_2 基础电价 β_3	年最大负荷用电小时数 τ_3 95%负荷最大小时数 τ_4
	光伏发电年平均利用小时数 τ_2	年停电时间 τ_1
	单位容量调峰价格 α_1	单位容量调频价格 α_2
	二氧化硫排量 V_1 二氧化碳排量 V_2 氮氧化物排量 V_3 粉尘排量 V_4	功率因数调节最大值 ϕ 标准煤减耗量 V
	单位无功容量投资 α_3	光伏装机容量 $P_2(t)$
	储能装置功率 P_4 光伏站容量 P_5 电动汽车充电桩功率 P_6	变压器容量最大值 P_{1max}

表 6-9 常 量 说 明 表

常量	数值	单位	数据参考
10kV 侧输入电流 总谐波畸变率 (THD_i)	1.0%	—	《10kV 配电网用电力电子变压器研究》
10kV 侧输入电流	1.25	kA	10kV 交流线路的额定电流
功率因数调节最大值	0.99	—	根据国网冀北电力有限公司的设计方案，柔性变电站的功率因数调节范围为 0～0.99
年故障时间	1.229	h	故障分析法
用户年用电负荷小时数	7400	h	三电工作实用手册（第三产业）案例：数据中心电力负荷统计表（1～8 月）
光伏年平均利用小时数	1491	h	国家能源局 2017 年光伏发电相关统计数据（张北）
95%负荷最大小时数	30	h	河北省电力负荷特性分析
火电厂平均发 1kW·h 电煤耗	300	g	《煤电节能减排升级与改造行动计划（2014～2020）》
单位标准煤减耗效益	600	元/t	—
每度约 1kW·h 电减少排放的二氧化碳/二氧化硫/氮氧化物/粉尘量	997/30/15/272	g	《综合耗能计算通则》（GB/T 2589—2020）

续表

常量	数值	单位	数据参考
单位二氧化碳/二氧化硫/氮氧化物/粉尘减排效益	80/1260/2000/550	元/t	《需求响应效果监测与综合效益评价导则》（GB/T 32127—2015）
单位容量调峰价格	7000	元/kW	《蓄冷空调与其它常用电网调峰方式调峰效益的比较研究》
单位容量调频价格	567	元/kW	《大规模电动汽车参与调频服务收益评估方法》
电网单位无功容量投资	2450	万元/Mvar	《智能电网低碳效益关键指标选取与评价模型研究》
储能装置功率	1.5	MW	—
光伏站容量	2.5	MW	—
电动汽车充电桩功率	0	MW	一期柔性变电站暂不考虑电动汽车
优质电价	0.541 6	元/（kW·h）	$\beta_1 = \beta_3 + \Delta\beta = 0.536\ 6 + 0.005\ 0$
购电电价	0.372 0	元/（kW·h）	河北省 2017 年各火电厂的价格
平均电价	0.536 6	元/（kW·h）	河北省 2017 年各火电厂的价格
变压器容量最大值	5	MW	每台柔性变电站最大容量需按照 5MW 配置

　　根据各变量之间的因果关系，以及各指标的数学模型，代入各变量涉及的参数估计结果，则可以得到柔性变电站示范项目综合效益评价 SD 模型，如图 6-9 所示。

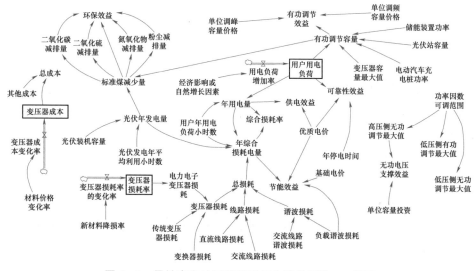

图 6-9　柔性变电站示范项目综合效益评价 SD 模型

6.2 示范项目综合效益的系统动力学模型仿真分析

6.2.1 分析用参数

在计算柔性变电站示范项目综合效益时用到的参数较多，按照参数特点分为以下四类：

（1）价值类：根据平均电价计算方式，得常规供电电价 $\alpha_1 = 0.5366$ 元/kWh，优质供电电价附加值 $\alpha_1' = 0.005$ 元/kWh；单位无功容量投资效益 $\alpha_3 = 567$ 元/kvar；单位标准煤价值 $\alpha_6 = 300$ 元/t，单位二氧化硫减排效益 $\alpha_{61} = 1260$ 元/t，单位二氧化碳减排效益 $\alpha_{62} = 80$ 元/t，单位氮氧化物减排效益 $\alpha_{63} = 2000$ 元/t，单位粉尘减排效益 $\alpha_{64} = 550$ 元/t。

（2）功率类：供电负荷 $P_L = 2.5MW$；分布式发电（即光伏）容量 $P_5 = 2.5MW$；储能容量 $P_4 = 1.5MW$。

（3）时间类：95%负荷的最大利用小时数 $\tau_{max} = 30h$；分布式发电资源即光伏电站的年发电小时 $\tau_{DG} = 1491h$；移峰小时数 $\tau_2 = 30h$。

（4）其他类：柔性变电站高压侧的功率因数调节的最大值 $\cos\phi_{max} = 0.99$；电煤转换系数 $\beta_6 = 0.3kg/kWh$；根据《综合耗能计算通则》（GB/T 2589—2020），每节约 1 度（千瓦时）电，就相应节约了 0.4kg 标准煤，同时减少污染排放 272g 碳粉尘、997g 二氧化碳、30g 二氧化硫、015g 氮氧化物。通过推算，得到单位标准煤二氧化硫排放 $\beta_{61'} = 0.075t\ SO_2/tce$；单位标准煤二氧化碳排放 $\beta_{62'} = 2.492t\ CO_2/tce$；单位标准煤氮氧化物 $\beta_{63'} = 0.0375t\ NO_x/tce$，单位标准煤粉尘 $\beta_{64'} = 0.68t/tce$。

6.2.2 示范项目的主要效益计算

6.2.2.1 无功电压支撑效益

将柔性变电站能的功率因数 0.99 代入式（3-3），得到无功电压支撑效益 A_1 为 121.275 万元。

6.2.2.2 节能效益

柔性变电站配电系统损耗包括变压变换设备损耗 P_{s1}、线路损耗 P_{s2} 以及谐波损耗 P_{s3} 这三部分损耗。通过式（3-5）得到节能效益 A_3 为 -161.253 0 万元。详细分析计算过程见附录 A。

6.2.2.3 环保效益

环保效益为光伏接入电量替代以及调峰而减少的火电厂发电标准煤量以及火力发电产生的二氧化碳、二氧化硫、氮氧化物及粉尘等污染物排放带来的效益。该效益为正值。将环保效益各参数代入式（3-8）中，即可得到环保效益 A_6 为 69.284 2 万元。

6.2.2.4 柔性变电站的效益比较

在边界条件一致的情况下，柔性变电站与常规变电站主要效益比较见表 6-10。

表 6-10　　　　　　　柔性变电站与常规变电站主要效益比较　　　　　（万元）

效益（万元/年）	柔性变电站 A	常规变电站 A′	相对值（%）
无功电压支撑效益 A_1	121.275	116.375	4
节能效益 A_3	-161.253 0	-207.715	-22
环保效益 A_6	69.284 2	61.533 5	13

通过表 6-10 的结果，可以看出柔性变电站和常规变电站在效益方面的差异如下：

（1）从正效益部分看，柔性变电站的无功电压支撑效益和环保效益分别比常规变电站高出 4%和 13%，这正好也符合了柔性变电站供电和有功、无功功率调控是其最主要的功能。

（2）从负效益部分看，柔性变电站的降损效益较为明显，相对值达到 -22%，说明柔性变电站的集成设计，有助于降低配电系统的损耗，减少损耗增加的成本。

综上所述，柔性变电站节能降损的综合效益优于常规变电站，且各分项效益也有不同程度的提升。

6.2.3 示范工程综合效益分析

6.2.3.1 综合效益结果比较

柔性变电站示范项目综合效益的评价结果及其分析是以同等条件下的传统变电站综合效益为参照，对柔性变电站示范项目综合效益进行评价。传统变电站与柔性变电站的应用环境相同，且具有同样的基础功能，如输变电、接入清洁能源、无功支撑等。通过 SD 模型仿真模拟，柔性变电站综合效益及其比较如表 6-11 所示。

表 6-11　　　　　　　　　柔性变电站综合效益及其比较

效益类别	效益指标	指标结果		单位
		柔性变电站	传统变电站	
技术效果	10kV 进线端电压最大偏差范围	−5%～+2%	−7%～+7%	—
	变电站所在配网的年故障率	0.037 7	0.038 7	—
	高压侧功率因数调节最大值	0.99	0.95	—
	变电站电能转换效率	96%	99%	—
	变电站 10kV 输入侧电流 THD/220V 输出侧电压 THD	1.0%/3.9%	4.0%/5.0%	—
经济效益	无功电压支撑效益	121.275	116.375	万元/年
	有功调节效益	506.800 0	0	万元/年
	节能效益	−161.253 0	−207.715	万元/年
	供电效益	1001.960 0	992.710 0	万元/年
	可靠性效益	−0.166 4	−0.169 3	万元/年
社会效益	环保效益	69.284 1	61.533 5	万元/年
	促进地区 GDP 增长	1	1	—
	促进相关技术发展	1	0	—
	促进远期装备出口	1	0	—

注　社会效益中"促进地区 GDP 增长""促进相关技术发展""促进远期装备出口"3 个定性指标，用"1"表示有该项社会效益，用"0"表示不具有该项社会效益。

比较结果分析：

（1）无功电压支撑效益的大小主要取决于功率因数的调节范围，柔性变电站功率调节因数范围大于传统变电站，故前者的无功电压支撑效益大于后者。

（2）与柔性变电站不同，传统变电站所在配电网没有调节有功所提供调峰和调频等辅助服务得到的效益，所以传统变电站的有功调节效益值为零。

（3）由于传统变电站与柔性变电站所包括的变压器损耗、线路损耗以及谐波损耗等损耗不同，且柔性变电站总损耗小于传统变电站，前者的节能效益大于后者。

（4）柔性变电站向负荷提供优质电力所形成的供电收入高于传统变电站，故前者的供电效益大于后者。

（5）由于两者停电时间相差不多，故配电网故障停电所减少的效益较为接近，前者的可靠性效益略高于后者。

（6）柔性变电站所在配电网具有调峰和调频等辅助服务提供的有功调节容量，可以在峰荷时代替部分标准煤的消耗量，所以前者的环保效益高于后者。

6.2.3.2　综合评价权值确定

权重是用来衡量总体中各单位标志值在总体中作用大小，也表示某一指标在指标项系统中的重要程度，是综合评价中的重要一环。合理地分配权重是量化评估的关键，因此权重的选择是否合适、构成是否合理，直接影响评估的科学性。

（1）权重方法的选择。目前关于性权重的确定方法很多，根据计算权重时原始数据的来源不同，可以将这些方法分为三类：主观赋值法、客观赋值法、主客观综合赋权法（组合赋值法）。每一类方法又有进一步的细分，如主观赋权法中典型的有层次分析法、专家调查法等；权重分析方法分类见图6-10。

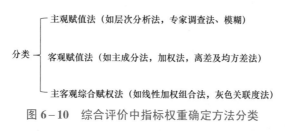

图6-10　综合评价中指标权重确定方法分类

1）层次分析法。该方法是应用网络系统理论和多目标综合评价方法的一种层次权重决策分析方法，它有三个主要的优点；① 具有系统性，这主要体现在该方法将对象视作系统，按照分解、比较、判断、综合的思维方式进行决策；② 实用性，这是因为定性与定量相结合，能处理许多用传统的最优化技术无法着手的实际问题,应用范围很广;③ 简洁性,表现在计算简便,结果确,容易被决策了解和掌握。但该方法的缺点一是是只能从原有方案中优选一个,不能为决策提供新方案;二是定量数据较少,定性成分多,不易令人信服。

2)专家调查法。该方法是根据评价对象的具体要求选定若干个评价项目,再根据评价项目制定出评价标准,聘请若干代表性专家凭借自己的经验按此评价标准给出个项目的评价分值,然后对其进行结集。该方法的优点:① 简便,根据对象确定适当的评价项目标准和评价等级;直观性强,以专家的打分值方式体现;② 计算方法简单,可选择余地较大;③ 可用于定量计算困难的评价项目,但该方法的评价结果具有较强的主观随意性,且易受决策者的影响;④ 客观性较差,在应用时有一定的局限性。

3)模糊综合评价法。该方法是根据模糊数学的隶属度理论把定性评价转化为定量评价,即用模糊数学对受到多种因素制约的事物或对象做出一个总体的评价。其优点是:① 评价结果是以向量的形式出现而不是一个具体的数值点,可以较为准确地反映事物本身的模糊状况;② 结果清晰,系统性强;③ 能较好地解决模糊的、难以量化的问题,适合各种非确定性问题的解决。但该方法的缺点有:不能很好地解决评价指标间相关性,隶属度的选取有一定的主观随意性;当指标信息量考虑不够时,将影响评价结果的区分度。

4)主成分分析法。该方法是通过因子矩阵的旋转得到因子变量和原变量的关系,然后根据主成分的方差贡献率作为权重,最后给出一个综合评价值。其优点是:① 数据集通过降维处理,可简化问题,消除评价指标之间的相关影响;② 该方法计算规范,便于计算机上实现。但存在的不足是,仅能得到有限个主成分的权重,无法获得各个独立指标的客观权重;③ 新形成的因子指标之间相关度很低。

5)熵加权法。熵是系统无序程度的一个度量,它根据指标变异性的大小来确定客观权重,某指标权重也就越大,所能起到的作用也越大。该方法的优点是:① 可避免赋予权重的主观性;② 计算简便规范,便于计算机上实现;但缺点是:一是缺乏各指标之间的横向比较;③ 各指标的权重随着样本的变化而变化,权重依赖于样本,从而子一定程度上限制其应用。

6)离差及均方差法。若某指标对所有样本所得数据均无差别,则该指标对样本排序不起作用,可不考虑该指标。反之,若所得数据有较大差异,则该指标起重要作用，应对其赋予较大权数。因此这种方法的优点是：概念清楚、计算简单、含义明确、便于推广。缺点是：对属性无量纲化有一定要求。

7）线性加权组合法和灰色关联度方法。线性加权组合法和灰色关联度方法是主客观赋权法的典型方法，它们能兼顾到决策者对属性的偏好，同时又力争减少赋权的主观随意性，使属性的赋权达到主观与客观的统一。因此这类方法的优点是数学理论基础相对比较成熟；缺点是算法的复杂度较高；应用性比较差；难以准确的进行组合赋权；需要最大限度地减少信息的损失，使赋权的结果尽可能地与实际结果接近。

考虑到柔性变电站建设缺乏历史运行数据，从简单着手，选取了专家调查法作为权重确定的方法。

（2）数据标准化。在多指标评价体系中，由于各评价指标的性质不同，通常具有不同的量纲和数量级。当各指标间的水平相差很大时，如果直接用原始指标值进行分析，就会突出数值较高的指标在综合分析中的作用，相对削弱数值水平较低的指标的作用。因此，为了保证结果的可靠性，需要对原始指标数据进行标准化处理。

数据的标准化是将数据按比例缩放，使之落入一个小的特定区间，常用于评价问题的指标处理。它采用一定的方法去除数据的量纲后，将其转化为无量纲的数据，便于不同量纲或数量级差异大的指标能够进行比较和加权计算。

目前数据标准化方法有多种，常见的方法有 $\min - \max$ 标准化、$Z - Score$ 标准化、模糊量化法。本次计算选取 $Z - Score$ 标准化法。

$Z - Score$ 标准化是数据处理的一种常用方法。通过它能够将不同量级的数据转化为统一量度的 $Z - Score$ 分值进行比较。

假设一共有 Y 个对象，X 个指标，并且所有对象的第 t 个指标参数构成的向量为 $v_{t-i} = (v_{t-1}, v_{t-2}, \cdots, v_{t-Y})$，$i = 1, 2, \cdots, Y$，下面将第 i 个对象的第 t 个指标参数 v_{t-i} 标准化。

1）若指标 v_{t-i} 是正指标，则

$$v'_{t-i} = \frac{v_{t-i}}{S_{t-i}} \qquad (6-1)$$

2）若指标 v'_{t-i} 是负指标，则

$$v'_{t-i} = \frac{S_{t-i} - v'_{t-i}}{S_{t-i}} \tag{6-2}$$

3）若指标 $[v_{t-i}, v_{t-i}]$ 是区间指标，则

$$v'_{t-i} = \frac{S_{t-i} - v_{t-i}}{2S_{t-i}} + \frac{S_{t-i} + v'_{t-i}}{2S_{t-i}} \tag{6-3}$$

式中：v'_{t-i} 为某指标标准处理化后数据；S_{t-i} 为某指标数据基准值，区间基准值为 $[-S_{t-i}, S_{t-i}]$。

原始数据经过数据标准化处理后，得到标准化处理数据，见表 6-12。

表 6-12 标 准 化 处 理 数 据

属性层指标	指标层指标	柔性变电站	传统变电站
技术效果	电压偏差	0.86	0.40
	功率因数调节最大值	0.99	0.95
	变电站电能转换效率	0.96	0.99
	变电站 10kV 输入侧电流 THD/220V 输出侧电压 THD	0.86	0.55
	变电站所在配网的年故障率	0.962 3	0.961 3
经济效益	无功电压支撑效益	0.866 3	0.831 3
	有功调节效益	0.844 8	0
	节能效益	0.845 7	0.799 2
	供电效益	0.910 9	0.902 5
	可靠性效益	0.983 4	0.983 1
社会效益	环保效益	0.923 8	0.820 4
	促进地区 GDP 增长	1	1
	促进相关技术发展	1	0
	促进远期装备出口	1	0

从表 6-12 可以看出，经过标准化处理后的各指标数据，一是无量纲，二是数据均在 0-1 之间，这样就便于开展综合评价病进行对比分析。

（3）专家调查法（Delphi 法）确定权重步骤。该方法通常来讲，需要经过准备阶段、选择阶段、数据处理结算后，最后确定指标权重。

1）准备阶段。在这个阶段，需确定取值范围和权重的个数；并编制权重系数选取表和选取说明。

2）选择阶段。在这个阶段，先需选择具有代表性、权威性的专家，且对

和评估价工作认真负责；然后在评价过程中熟悉、掌握评价标准和评价过程；专家在仔细权衡各指标、因素差异的基础上，独立选取，将选取结果填入权重系数选取表中。

3）处理阶段：对各位专家的选取结果采用加权平均的方法进行处理，可得出最后结果。计算公式为

$$\bar{X} = \frac{\sum x_i f_i}{\sum f_i} \qquad (6-4)$$

式中：$\bar{X}$ 为某指标或因素权重系数；x_i 为各位专家所取权重系数；f_i 为某权重系数出现的系数。

4）评价指标权重确定。基于收集的专家们打分表发现，在技术效果评价这一部分，专家们较为看重功率因数调节最大值这一指标，故对其权重值取 0.3；而电压偏差这一指标相对得分偏低，其权重值取 0.1；其余指标如变电站电能转换效率、变电站 10kV 输入侧电流 THD/220V 输出侧电压 THD、变电站所在配网的年故障率三个指标的权重值取 0.2。在经济效益评价这一部分，专家们较为看重有功调节效益与节能效益这两个指标，因为二者不仅体现了柔性变电站灵活调峰的新特点，还体现了柔性变电站提供优质电力的优势，故二者权重值取 0.3，无功电压支撑效益体现了柔性变电站功率因数调节范围大的优势，其权重值设为 0.2，而节能效益和可靠性效益指标相对得分偏低，故二者权重值取 0.1；在社会效益中，仅考虑环保效益，其权重值为 1。

此外，在属性层面指标权重的设置，根据专家打分表，技术效果部分权重最高，经济效益其次，社会效益较低，故三者权重分别为 0.5、0.3、0.2。

最终得出柔性变电站示范项目综合效益评价指标权重，见表 6-13。

表 6-13　　　　　　　　柔性变电站示范项目综合效益评价指标权重

属性层指标	属性层指标权重	指标层指标	指标层指标权重
技术效果	0.5	电压偏差	0.1
		功率因数调节最大值	0.3
		变电站电能转换效率	0.2
		变电站 10kV 输入侧电流 THD/220V 输出侧电压 THD	0.2
		变电站所在配网的年故障率	0.2

续表

属性层指标	属性层指标权重	指标层指标	指标层指标权重
经济效益	0.3	无功电压支撑效益	0.2
		有功调节效益	0.3
		节能效益	0.1
		供电效益	0.3
		可靠性效益	0.1
社会效益	0.2	环保效益	1
		促进地区 GDP 增长	0
		促进相关技术发展	0
		促进远期装备出口	0

6.2.3.3 加权后的综合效益评价分析

从技术效果、经济效益、社会效益三个方面对柔性变电站和传统变电站的综合效益进行评价，由专家调查法得到的权重计算并绘制属性层、目标层的雷达图如下。

（1）技术效果的比较雷达图见图 6-11。

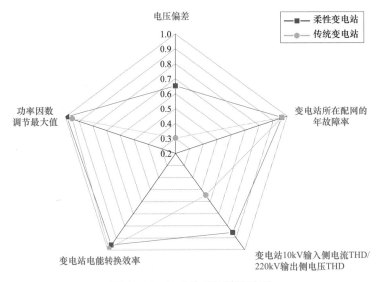

图 6-11 技术效果比较雷达图

由图 6-11 中的五个技术效果指标结果可以看出：

1）由于柔性变电站具有灵活可控的特点，在功率调节方面具有显著优势。

2）由于转换环节多，电力电子变压器的电能转换效率低于传统变压器。

3）含柔性变电站的配电网由于简化了系统结构，总体的可靠性指标好于传统变电站。

4）由于电力电子变压器具有滤波功能，因此柔性变电站无论是高压进线侧还是低压出线侧，其谐波含量小于传统变电站。

综上所述技术方面的比较结果为：柔性变电站在功能的集成以及控制方面具有优势，而在变压器这个关键设备的电能转换效率不如于传统变压器。

（2）经济效益的比较分析雷达图见图6-12。

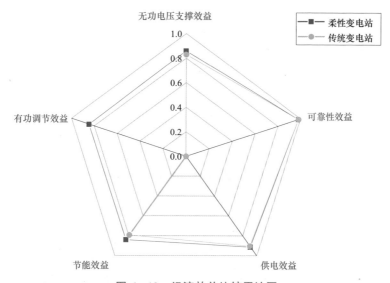

图 6-12 经济效益比较雷达图

由图6-12中的五个经济效益指标对比发现：

1）由于传统变电站不具有直接调控储能等设备的功能，因此无法像柔性变电站在有功调节方面产生经济效益，其控制功能能够带来十分可观的经济效益。

2）柔性变电站的供电效益略大于传统变电站，这是由于国内电能质量带来的附加电价很低，若是国内电力市场政策变化使得电能质量带来的附加电价增加，柔性变电站的供电效益相比常规变电站将更具优势。

3）尽管柔性变电站的转换效率低于常规变电站，其柔性变电站所在配电

柔性变电站可靠性分析及综合效益评价

网的综合损耗小于常规变电站所在的配电网，因此其节能效益高于常规站。

4）柔性站可靠性效益与常规变电站相差不大，且略占优势，但这部分效益占总的经济效益的比重不大。

综合以上可以得出结论：柔性变电站的经济效益全面优于传统变电站。

（3）社会效益比较雷达图见图6-13。

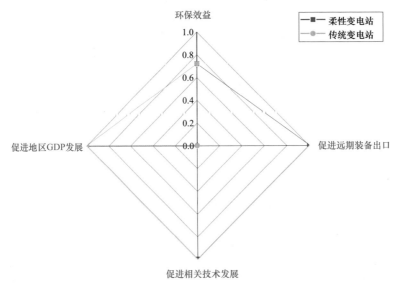

图6-13 社会效益比较雷达图

社会效益包括可量化的环保效益和其他三个定性的社会效益指标。通过图6-13可看出：

1）柔性变电站和常规变电站均能够消纳可再生能源，产生的环保效益近乎相同。

2）变电站项目投建会改善地区用电水平，因此，两种变电站均具有促进地区GDP增长的社会效益。

3）柔性变电站是电力电子技术与变电站结合产生的新型变电站，该示范工程作为示范项目，在促进柔性变电站先进技术发展领域具有重要意义。且示范工程的推广建设，有利于设备产业化，促进远期准备出口，进入国外高端市场，产生社会效益。

综合以上可以得出结论：柔性变电站的社会效益优于或等于传统变电站。

4）综合效益评价比较雷达图见图6-14。

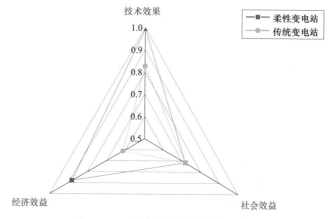

图 6-14　综合效益评价比较雷达图

由专家调查法得到的权重计算指标数据得分如下：

技术效果得分：柔性变电站 0.939 5 分，传统变电站 0.825 3 分。

经济效益得分：柔性变电站 0.882 8 分，传统变电站 0.615 3 分。

社会效益得分：柔性变电站 0.923 8 分，传统变电站 0.820 4 分。

综合评价得分：柔性变电站 0.946 3 分，传统变电站 0.775 2 分。

由此可以看出：柔性变电站的综合评价结果明显优于传统变电站。

6.3　示范项目综合效益灵敏度分析

柔性变电站的评价结果分析包括三部分：① 柔性变电站综合效益结果分析，并与常规变电站效益结果进行比较，分析两者的优劣势；② 柔性变电站的综合效益敏感性分析，分析影响柔性变电站的综合效益的因素，确定柔性变电站相关技术未来研究的重点方向；③ 做柔性变电站的综合效益时序分析，预测柔性变电站的远期综合效益，进一步分析其优劣势及柔性变电站的推广价值。

6.3.1　柔性变电站的投资估算内容

6.3.1.1　变电部分（含站内通信）

（1）测算依据。工程总投资由设备购置费用、建筑工程费用、安装工程费用、其他费用构成。考虑到商业数据的保密要求，仅介绍投资估算所涉及的内容。

1）设备购置费用。主要直流设备采取厂家询价方式，部分参照最近设备价格计列。

2）建筑工程费用、安装工程费用、其他费用以设备购置费等，参考类似工程相应费用造价比例进行估算。

3）建设期贷款利息暂不考虑。

（2）计算条件。计算对象包括小二台站、光伏直流升压站、张北县城站、分布式光伏、电动汽车充电站。

1）小二台站。在小二台站中，变压器设备包括电力电子变压器、10kV干式变压器和接地变压器。±10kV 直流设备包括直流隔离开关柜和直流母柜。10kV 交流设备包括交流开关柜、交流隔离柜和交流 TV 柜。750V 直流设备包括直流开关柜。380V 交流设备包括交流开关柜。DC/DC 设备为 750/240V DC/DC。二次部分（含光伏站部分）包括自动化控制和通信部分，小二台站主要设备数量见表 6-14。

表 6-14 小二台站主要设备数量

序号	名称	单位	数量
1	变压器	台	4
2	±10kV 直流设备	面	6
3	10kV 交流设备	面	13
4	750V 直流设备	面	6
5	380V 交流设备	面	5
6	DC/DC	台	2
7	自动化控制	—	—
8	通信部分	—	—

2）光伏直流升压站。在光伏直流升压站中，直流开关柜包括直流快速隔离开关柜、直流开关隔离柜和直流开关柜。光伏直流升压法主要设备数量见表 6-15。

表 6-15 光伏直流升压站主要设备数量

序号	名称	单位	数量
1	±10kV/750V 直流变压器	台	1
2	直流开关柜	面	14
3	直流母设柜	面	2
4	DC/DC 变换器（含 MPPT）	台	4
5	检修箱	个	1

3）张北县城站。在张北县站中，变压器设备包括多功能电力电子变压器和接地变压器，±10kV 直流设备包括直流快速隔离开关柜、直流开关隔离柜和直流母设柜。10kV 交流设备包括交流开关柜、交流隔离柜和交流 TV 柜。750V 直流设备包括直流开关柜和直流馈线柜。380V 交流设备包括交流开关柜。张北县城站主要设备数量见表 6－16。

表 6－16　　　　　　　　　　张北县城站主要设备数量

序号	名称	单位	数量
1	变压器	台	2
2	±10kV 直流设备	面	6
3	10kV 交流设备	台	3
4	750V 直流设备	面	8
5	380V 交流设备	面	8

4）分布式光伏。分布式光伏随建筑一并考虑。分布式光伏设备数量见表 6－17。

表 6－17　　　　　　　　　　分布式光伏设备数量

序号	名称	单位	数量
1	分布式光伏	kW	80

5）电动汽车充电站。电动汽车充电站建设可参照张家口市电动汽车网络建设规划（2016～2022 年），设备数量见表 6－18。

表 6－18　　　　　　　　　　电动汽车充电站各设备数量

序号	名称	单位	数量
1	电动汽车充电桩	个	8

6.3.1.2　变电站工程测算内容

变电站测算内容包括建筑工程费、设备购置费、安装工程费等，分两期建设测算。

6.3.1.3　线路部分

（1）测算依据。参考《2016 年版国家电网公司配电网工程典型设计　10kV

和 380/220 配电线路分册》及冀北地区配电网类似工程项目每公里造价进行测算。设备购置费用、建筑工程费用、安装工程费用、其他费用按照核准的单位造价进行估算。

电缆进出变电站及城区土建通道采用直埋沟槽敷设方法。

（2）线路计算条件。

10kV 单回架空绝缘导线：

交流电缆（3×300mm²）：单回直埋沟槽 110 万元/km；双回直埋沟槽。

直流电缆（1×120mm²）：直埋沟槽。

光缆线路（ADSS）：略。

（3）线路工程测算结果。线路费用投资估算项目见表 6-19。

表 6-19　　　　　　　　　　　线路费用投资估算项目

方案及费用	架空线路	交流电缆	直流电缆	光缆线路	总计
本期	165	210	42	6.6	423.6
中期	870	—	—	42	912

6.3.1.4　示范项目总投资

柔性变电站示范工程的总投资由设备购置费、建筑工程费、安装工程费、其他费用构成。其中主要设备电力电子变压器价格为 1450 万元，其他设备费用 2196 万元，建筑安装等费用为 1462 万元，总计 5108 万元，详见表 6-20。

表 6-20　　　　　　　　　　　柔性变电站初始投资估算

名称	价格（万）
电力电子变压器	1450
其他设备	2196
建筑安装等费用	1462
总计	5108

6.3.1.5　方案技术经济分析

工程技术方案优化比选不是仅从费用角度考虑，而是以价值工程的管理理念（V＝F/C），考虑功能与造价比值的最大优化，对工程方案进行技术经济比选。

方案两期构成了较完整的两端型直流配电网拓扑结构，对于发挥直流配电网优势，体现工程的创新性、先进性有良好的示范作用。技术方案可根据建设时序为本期建设中期建设两阶段完成系统架构，实现经济效益。

受目前的电力电子技术水平所限，各类电力电子装置的成本相对较高，10kV 柔性变电站的投资成本高于常规变电站。然而，随着经济社会的快速发展，以及用户对电能质量要求的逐步提高，将有越来越多的负载要求采用不停电电源或变频技术，以提高电能利用效率与电能质量。此外，随着电力电子技术的飞速发展以及各类装置研发技术的逐步成熟，功率半导体电力电子器件的价格必将继续降低。因此，未来柔性变电站仍存在较大的降价空间。

6.3.2 柔性变电站综合效益敏感性分析

6.3.2.1 动态敏感性分析

所谓敏感度指的是某因素的变化导致被影响指标的变化，通过影响指标的变化与影响因素变化的比值，计算得到相应敏感性系数，用以量化敏感度的大小。

而动态敏感度，是考虑不同时期敏感度随着时间变化的关系，开展动态敏感性分析，可以看出敏感度在不同时期影响因素所起的作用，通过对动态敏感度指标的排序，可以找到提升被影响指标的措施。

柔性变电站示范项目集成度高的，影响其综合效益的因素很多，但柔性变电站与传统变电站之不同的关键在于电力电子变压器。因此在以下讨论时，主要围绕着半导体材料价格、PET 损耗以及柔变站所在地区经济发展这三个方面展开讨论，即这三个变量作为敏感性影响因素，而项目成本和综合效益作为被影响指标。

应用第 5 章构建的含柔性变电站示范项目综合效益分析评价的系统动力学模型，分别计算了某种影响因素在不同变化率的情况下，对被影响指标敏感度的影响；同时，利用模型可以时序外推的特性，分别选取在某种变化率下，该影响因素随时间变化的情况，在不同时期的敏感性系数变化。

（1）半导体材料价格。如前所述，电力电子变压器是基于电力电子器件的新型集成电力设备，它与半导体材料的创新、材料价格的变化是影响柔性变电站示范项目成本与综合效益的关键因素。

考虑到半导体材料应用面广，极具规模效应，故设定它的变化规律是由大到小，且是非线性变化，见表6-25第一列，分别取价格变化为66.66%、50%、33.33%、15%、5%，参考图6-9柔性变电站示范项目综合效益评价SD模型，通过计算，得到相同时期下半导体材料价格取不同变化率影响项目成本时的敏感性系数，如表6-21所示。

表6-21　　　　　　　　材料价格变化敏感性分析结果

半导体材料价格的变化率	项目成本变化率	敏感性系数
66.66%	18.74%	0.281 1
50.00%	14.19%	0.282 9
33.33%	9.37%	0.281 1
15.00%	4.29%	0.286
5%	1.42%	0.284

从表6-21可以看出：① 半导体材料价格变化率与项目成本变化率并非线性关系，这是由于项目成本不仅受材料价格影响，还受其他成本如建设费用等影响；② 取以上不同材料价格变化率时得到的项目成本敏感性系数均小于1，因此半导体材料价格变化率为项目成本的非敏感因素，它对项目成本的影响不大。

利用系统动力学模型的时序动态变化特点，进行项目成本对半导体材料价格影响因素的动态敏感性分析。取半导体材料价格变化率为33.33%进时序外推，计算在此材料价格变化率下，不同年份下敏感性系数动态变化，结果如图6-15所示。

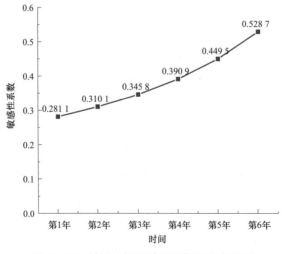

图6-15　材料价格敏感性系数动态变化图

从图 6-15 可以看出，当材料价格变化率为 33.33% 时，随着年份增长，项目成本对半导体材料价格影响因素的敏感性逐年增加，半导体材料价格变化对项目成本的影响越来越大；此外，随年份增长，敏感性系数增幅越来越大。需要指出的是，由于长期预测不确定性增强，该灵敏性系数是否随年份增加最终成为敏感因素尚无法确定。

（2）硅材料降耗。同上，基于电力电子器件的新型集成电力设备，电力电子变压器中硅等主要材料降耗也是影响柔性变电站示范项目成本与综合效益的关键因素，硅等主要材料每年的降耗在 1%～5% 之间。分别选取材料降耗为 4%、3%、2%、1%，得到相同时期下的材料降耗影响综合效益的敏感性系数如表 6-22 所示。

表 6-22　　　　　　　　材料降耗敏感性分析结果

主要材料降耗变化率	综合效益变化率	敏感性系数
4%	0.68%	0.17
3%	0.83%	0.275
2%	0.55%	0.275
1%	0.24%	0.236

从表 6-22 可以看出：① 材料降耗与综合效益变化率为非线性关系，这是由于材料降耗仅影响节能效益指标；② 取以上不同材料降耗数值时得到的综合效益敏感性系数均小于 1，因此材料降耗为综合效益的非敏感因素，对综合效益的影响较小。

利用系统动力学模型的时序动态变化特点，进行综合效益对材料降耗影响因素的动态敏感性分析，以取材料降耗 2% 为例，计算在此材料降耗变化率下，不同年份下敏感性系数动态变化，结果如图 6-16 所示。

从图 6-16 可以看出，当材料降耗为 2% 时，随着年份增长，前 3 年敏感性系数逐渐升高，综合效益受材料降耗的影响增加；在第 4 年出现拐点，敏感性系数有所下降，随后第 5 年开始敏感性系数继续上升，且出现大幅上升，材料降耗对综合效益影响大幅增加。同上，长期预测的不确定增加，故未对后续年份进行分析。

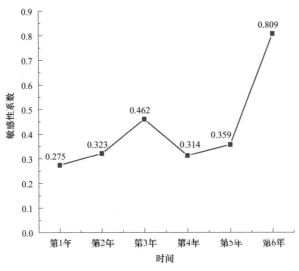

图 6-16　材料降耗敏感性系数动态变化图

（3）经济自然因素。柔性变电站站所在地区经济发展也影响着示范项目成本与综合效益变化，设置经济自然因素变化分别为 10%、20%、30%，得到相同时期下的经济自然因素变化敏感性系数如表 6-23 所示。

表 6-23　　　　　　　　经济自然因素变化敏感性分析结果

经济自然因素变化率	综合效益变化率	敏感性系数
30%	7.53%	0.251
20%	5.02%	0.251
10%	2.51%	0.250

从表 6-23 可以看出：① 经济自然因素的变化率与综合效益变化率趋近于线性关系，这是由于经济自然因素的变化直接影响用户用电负荷，间接影响有功调节效益、无功电压支撑效益、环保效益等多种效益指标，对综合效益的影响较为全面，因此呈现出近似于线性关系；② 不同经济自然因素变化率得到的综合效益敏感性系数均小于 1，经济自然因素为综合效益的非敏感因素。

利用系统动力学模型的时序动态变化特点，进行综合效益对经济自然因素的变化率影响因素的动态敏感性分析，以经济自然因素变化率 10% 为例，计算在此经济自然因素变化率下，不同年份下敏感性系数动态变化，结果如图 6-17 所示。

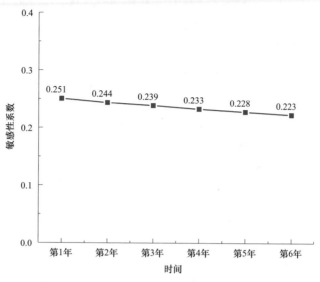

图 6-17 经济自然因数敏感性系数动态变化图

从图 6-17 可以看出，当经济自然因素变化率取 10%时，随着年份增长，综合效益对经济自然因素变化率影响因素的动态敏感性逐年降低，经济自然因素变化对综合效益的影响逐年减少。

6.3.2.2 敏感性分析结果

将影响柔性变电站成本和综合效益的三个重要因素：材料价格、新材料降损、经济或自然因素作为敏感性因素，分析材料价格变化对总成本的影响，以及材料降耗、经济或自然因素变化对综合效益的影响，敏感性分析结果如表 6-24 所示。

表 6-24 敏 感 性 分 析 结 果

敏感性因素 X	敏感性因素变化率 ΔX	被影响指标 Y	被影响指标变化率 ΔY	敏感性系数 $\Delta Y / \Delta X$
材料价格	33.3%	总成本	9.37%	0.281
材料降耗	2%	总效益	0.55%	0.275
经济自然因素	10%	总效益	1.255%	0.251

分析表 6-24 可知：

（1）材料价格对总成本的敏感性系数小于 1，为非敏感因素。这是由于材料价格直接影响的是柔性变压器的价格，而总成本包括设备成本以及其他建设过程中的费用。

（2）材料降耗和对被影响指标效益的敏感性系数小于 1，为非敏感因素。材料降耗直接影响变压器损耗，进而影响总损耗，直接影响的经济效益为节能效益，而节能效益对材料降耗的敏感性增强，节能效益与敏感因素反向变化，但节能效益对总体效益影响较小，故材料降耗的敏感系数偏低。

（3）经济或自然因素对总效益的敏感性系数小于 1，为非敏感因素。总效益对经济或自然因素的敏感性低于材料价格。经济或自然因素变化影响用户用电负荷负荷，会对供电效益、可靠性效益、节能效益、有功调节效益的造成影响，其中电力优质效益与敏感因素同方向变化，节能效益、可靠性效益和有功调节效益与敏感因素反向变化。

综上所述，得出结论如下：

（1）三者敏感性系数均小于 1，说明在大系统中，局部的个别指标对系统总的影响比较有限。

（2）从三个敏感性系数排序来看，材料价格对成本影响还是比较大的，这是因为示范项目中电力电子变压器没有量产，所以价格比较高，对总成本的影响比较大，当量产后，电力电子变压器的成本将降低。

（3）经济自然因素影响对总效益的影响居中，说明充分利用变电站变压器的容量，在运行允许的条件下，多带负载，将进一步提升站的效益。

（4）材料降损对变电站总效益影响不大，这是因为它在总效益中的作用有限。但材料降损属于技术降损，可以通过应用新材料来实现。

附录 A　柔性变电站示范项目的损耗计算

A.1　计算依据

在计算柔性变电站示范项目的损耗计算时的主要依据包括系统结构图、系统参数、以及计算方法，其中：

（1）柔性变电站示范项目系统设计图，参看图 2-6。

（2）柔性变电站示范项目系统参数，来自表 6-9 和 6.2.1。

（3）柔性变电站示范项目损耗的计算公式，参考电工理论设备、线路的有功功率损耗计算公式。

A.2　计算过程

开展含柔性变电站混合交直流系统损耗计算时，首先需要对损耗进行分类，然后设定计算条件，最后按照电工理论公式，代入参数进行计算。

A.2.1　损耗分类

由于含柔性变电站混合交直流系统产生的损耗主要来自变压器、变流器、线路。此外，考虑到配电网电能质量管理水平不同，还有谐波产生的附加损耗。其中将变压器和变流器归为一类，可分为三类，变压变换类设备记作类别 1、线路记作类别 2、谐波记作类别 3。

具体而言，根据图 A-1 的损耗分类图，类别 1 为柔性变电站传统变压器、电力电子变压器、光伏站的 DC/DC 直流变压器这 3 个变压变换类设备；类别 2 为线路，包括 110kV 变电站站至变电站 10kV 高压交流母线、光伏站至变电站 10kV 直流母线这 2 条线路；类别 3 为考虑到谐波对低压侧用户供电产生的附加损耗部分和对 10kV 产生的附件损耗 2 部分。

为直观起见，用黄色标记类别 1 要计算的变压变换设备的位置，用绿色标记类别 2 线路的位置，用红色表示类别 3 谐波计算的位置，柔性变电站损耗示意图见图 A-2。

柔性变电站可靠性分析及综合效益评价

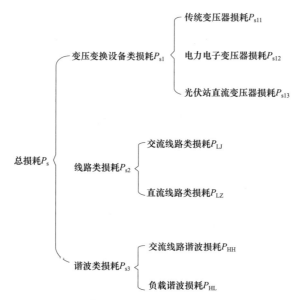

图 A-1 含柔性变电站配电网的损耗分类图

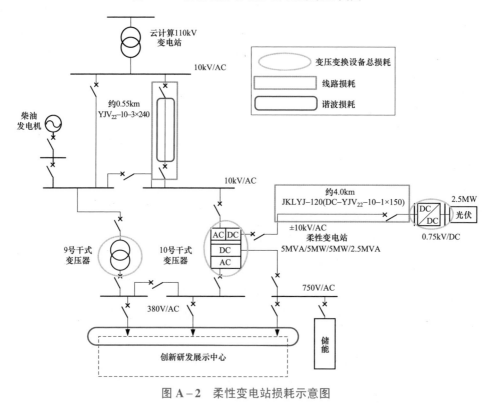

图 A-2 柔性变电站损耗示意图

A.2.2　损耗计算

柔性变电站配电网的损耗分为三个部分：变压变换设备总损耗 P_{s1}、线路损耗 P_{s2} 和谐波损耗 P_{s3}。

（1）变压变换设备损耗计算。如 A.2.1 所述，变压变换设备总损耗 P_{s1} 由传统变压器损耗 P_{s11}、电力电子变压器损耗 P_{s12} 和光伏站直流变压器损耗 P_{s13} 三部分组成。这类设备的计算方法是按照设备的转换效率和设备容量来计算变设备的损耗。

1）传统变压器损耗。传统变压器损耗 P_{s11} 计算公式为

$$P_{s11} = (1 - \eta) \times P_{m1} \times n \qquad （A-1）$$

式中：η 为传统变压器的效率，取 99%；P_{m1} 为传统变压器的容量，取 5MW；n 为传统变压器的个数，示范工程有 1 台，传统配电网有 3 台。

2）电力电子变压器损耗。电力电子变压器损耗 P_{s12} 计算公式为

$$P_{s12} = (1 - \eta) \times P_{m2} \times n \qquad （A-2）$$

式中：η 为电力电子变压器的效率，取 96%；P_{m2} 为电力电子变压器的容量，取 5MW；n 电力电子变压器的个数，示范工程有 1 台电力电子变压器。

3）光伏站直流变压器损耗。光伏站直流变压器损耗 P_{s13} 计算公式为

$$P_{s13} = (1 - \eta) \times P_5 \times n \qquad （A-3）$$

式中：η 为光伏站直流变压器的效率，取 96%；P_5 为光伏站的容量；n 为光伏站直流变压器变换器的个数。

（2）线路损耗计算。线路损耗 P_{s2} 由交流线路损耗 P_{LJ} 和直流线路损耗 P_{LZ} 组成，它们是由于该损耗由线路上的电阻造成的，因此电阻消耗的功率，用线路电阻、和流过线路上电流平方进行计算。

简单起见，令 110kV 变电站站至变电站 10kV 高压交流母线为线路 1，光伏站至变电站 10kV 直流母线为线路 2。

1）交流线路损耗。交流线路上损耗等效图如图 A-3 所示。

交流线路损耗 P_{LJ} 计算公式为

$$P_{LJ} = 3 I_{ac}^2 R_1 L_1 \qquad （A-4）$$

$$I_{ac} = \frac{P_{load} + P_{TF}}{\sqrt{3} \times U_{an} \times \cos \phi} \qquad （A-5）$$

式中：R_1 为线路 1 单位长度的电阻值；L_1 为线路 1 的长度；I_{ac} 为电路 1 的计算电流；$\cos\phi$ 为线路 1 的功率因数；U_{an} 为柔性变电站交流高压母线电压，取 10kV；P_{load} 为交流负载大小；P_{TF} 为柔性变电站 PET 损耗；P_{load} 与 P_{TF} 之和为图 A−3 中蓝色框图标记的等效负荷。

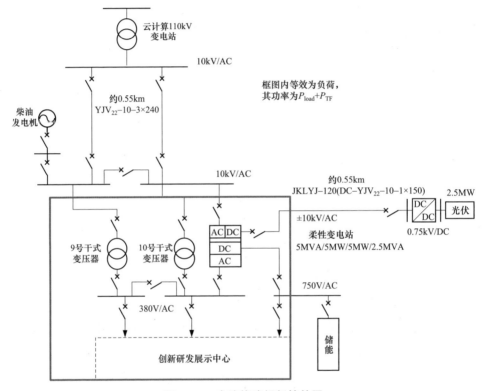

图 A−3　交流线路损耗等效图

2）直流线路损耗。直流线路损耗等效图见图 A−4。

直流线路损耗 P_{LZ} 的计算公式为

$$P_{LZ} = 2I_{dc}^2 R_2 L_2 \qquad (A-6)$$

$$I_{dc} = \frac{P_5}{U_{dn}} \qquad (A-7)$$

$$U_{dn} = 10 \times 10^3 V \qquad (A-8)$$

式中：R_2 为线路 2 单位电阻值；L_2 为线路 2 的长度；I_{dc} 为线路 2 的计算电流；P_5 为光伏站容量；U_{dn} 为柔性变电站直流高压母线电压，取 10kV。

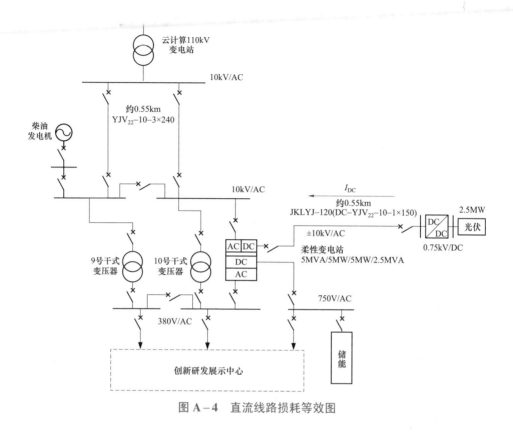

图 A－4　直流线路损耗等效图

（3）谐波损耗计算。谐波损耗分为交流线路谐波损耗和负载谐波损耗。本次项目中,谐波对用电负荷和线路影响产生的损耗 P_{s3} 为交流线路谐波损耗 P_{HH} 与负载谐波损耗 P_{HL} 之和。

1）交流线路谐波损耗。交流线路谐波损耗计算公式为

$$P_{HH} = I_1 R_1 L_1 \sum_{n=2}^{\infty} n\text{THD}^2 \qquad （A－9）$$

式中：I_1 为该交流线路的额定电流,取 1.25kA；R_1 为线路 1 单位长度的电阻值；L_1 为线路 1 的长度；$\sum_{n=2}^{\infty} n\text{THD}^2$ 为变电站 10kV 输入侧电流 THD,由示范项目测试数据得到,为 1.0%。

2）负载谐波损耗。负载谐波损耗计算公式为

$$P_{HL} = P_{load} \times \eta_{HL} \qquad （A－10）$$

式中：P_{load} 为负载负荷,取 1.25MW；η_{HL} 为负载谐波损耗率,一般取 5%～10%,取 5%。

A.2.3 计算结论

综上，损耗计算一览表如表 A-1 所示。

表 A-1 损 耗 计 算 一 览 表

类别	设备损耗	损耗（kW）
变压变换设备类 P_{s1}	传统变压器损耗 P_{s11}	50.000 0
	电力电子变压器损耗 P_{s12}	200.000 0
	光伏站直流变压器损耗 P_{s13}	100.000 0
	小计	350.000 0
线路类 P_{s2}	交流线路损耗 P_{LJ}	0.283 6
	直流线路损耗 P_{LZ}	24.720 0
	小计	25.003 6
谐波类 P_{s3}	交流线路谐波损耗 P_{HH}	0.687 5
	负载谐波损耗 P_{HL}	62.568 7
	小计	63.256 2
总计		438.259 8

可以看出，线路类损耗与谐波类损耗占比较少，分别占总损耗的 5.71% 和
14.28%。变压变换设备类损耗总量占比最大，为 79.87%。因此，在精度要求不
高时，可以简单用变压变换设备的损耗来表示本次研究对象的损耗。

附录 B　交直流配电网元件可靠性参数

表 B-1　　　　　　　　　交直流配电网元件可靠性参数

元件	故障率	修复时间（h）	更换备用（h）
母线	0.3（次/a）	2	—
架空线	0.005［次/（a·km）］	5	—
交流断路器	0.006（次/a）	4	—
干式变压器	0.005（次/a）	100	—
整流器	0.004 5（次/a）	16	—
CDSM-MMC	0.512 5（次/a）	—	16
DC/DC 变换器	0.383 46（次/a）	—	10
DC/AC 逆变器	0.051 74（次/a）	26	—
750V 直流断路器	0.014 84（次/a）	—	10
10kV 直流断路器	0.317 48（次/a）	—	10

参 考 文 献

[1] 刘振亚. 全球能源互联网 [M]. 北京：中国电力出版社，2015.

[2] 刘振亚. 智能电网知识读本 [M]. 北京：中国电力出版社，2010.

[3] Steven S. Power system economics: designing markets for electricity [M]. IEEE & WILEY Press，2002.

[4] 欧阳红祥. 项目计划与控制 [M]. 北京：中国水利电力出版社，2015.

[5] 甘霖. 电网企业资产管理体系建设及创新实践 [M]. 北京：中国电力出版社，2017.

[6] 周永兴. 卓越之路——上海电力精益化管理实践 [M]. 北京：中国电力出版社，2010.

[7] 何湘宁，宗升，吴建德，等. 配电网电力电子装备的互联和网络化技术 [J]. 中国电机工程学报，2017，34（29），5160-5170.

[8] J W Kalor，J Biela，S Woffler，et al. Performance trends and limitations of power electronics systems [C]. 2010 6th International Conference on Integrated Power Electronics Systems （CIPS），Nuremberg，German，2010，17-36.

[9] 李逸荣，夏红军，唐建民. 数字化变电站技术浅析 [J]. 农村电气化，2009，30（1），56-58.

[10] 王力，董自波. 浅谈数字化变电站在智能电网中的应用 [C]. 中国电机工程学会电力系统自动化专业委员会三届一次会议暨学术交流会，南京，2011，1-4.

[11] 高翔. 智能变电站技术 [M]. 北京：中国电力出版社，2011.

[12] 赵争鸣，冯高辉，袁立强. 电能路由器的发展及其关键技术 [J]. 中国电机工程学报，2017，37（13），3823-3827.

[13] K Harada，F Anan，K Yamasaki，et al. Intelligent transformer [C]. Proceedings of the 27th Annual IEEE Power Electronics Specialists Conference（PESC），Maggiore，Italy，1996，2：1337-1341.

[14] 李军. 智能化变电站工程评价指标体系与评价方法研究 [D]. 华北电力大学，2013.

[15] 李子欣，王平，楚遵方. 面向中高压配电网的电力电子变压器研究 [J]. 电网技术，2013，37（9）：2592-2601.

[16] 白杰. 电力电子变压器的应用研究 [J]. 电工电气，2009，28（11），14-18.

[17] SH Hwang，X Liu，JM Kim，et al.. Distributed Digital Control of Modular-Based Solid-State Transformer Using DSP+FPGA［J］. IEEE Transactions on Industrial Electronics，2013，60（2），670－680.

[18] H Wrede，V Staudt，A Steimel. Design of an electronic power transformer［C］. IEC Proceeding（Industrial Electronic Conference），Bochum，Germany，2002，2：1380－1385.

[19] 潘诗峰，赵剑峰. 电力电子变压器及其发展综述［J］. 江苏电机工程，22（3），2003，52－54.

[20] JL Brooks. Solid state transformer concept development［R］. Naval Sti/recon Technical Report N，1980，81.

[21] 张文亮，汤广福等. 先进电力电子技术在智能电网中的应用［J］. 中国电机工程学报. 2010，30（04），1－7.

[22] 国家电网公司，国网北京经济技术研究院. 一种电力电子变电站［P］. 2014.

[23] 国网北京经济研究院，北京交通大学. 基于电力电子技术特征的远期智能变电站方案研究［R］. 北京：国网北京经济技术研究院，2014.

[24] 戴朝波. 基于电力电子技术的变电站远期技术方案研究［J］. 智能电网，4（7），2016. 724－733.

[25] 国网冀北电力公司，国网智能研究院. 交直流配电网及柔性变电站示范工程技术方案［R］. 国网北京经济技术研究院，2016.

[26] 张兰. 领跑国内电力电子产业——对话中电普瑞科技有限公司总经理武守远［J］，电力系统装备，2009，7（8），22－26.

[27] 翁爽. 未来电网更具柔性化特征——访国家电网智能研究院院长滕乐天［J］. 国家电网，2015，7（9），47－49.

[28] 张洋. 柔性变电站——实现交直流相互转化的顶尖技术［N］. 国家电网报，2017－02－11.

[29] I Rajaci，M Sanaye-Pasand，ES Marzoghi. Communication requirement for control and monitoring of HV feeders in digital substation control system［C］. 2004 8th International Conference on Developments in Power System Protection，Tehran，Iran，2004.2：728－729.

[30] M Suzuki，T Matsuda，N Ohashi，et al. Development of a Substation Digital Protection and Control System Using a Fiber-Optic Local Area Network［J］. IEEE Transaction on

柔性变电站可靠性分析及综合效益评价

Power Delivery，1989，4（3），1668－1675.

[31] J Rong，GX Zhang，XM Zhu，et al. Electric Energy Measurement in Digital Substation on A number of Issues Discussed［C］. 2008 China International Conference on Distribution，Guangzhou，China，2008，1－5.

[32] T Wang，X Guan，P Wang，et al. Research of Relaying Protection System of Digital Substation［C］. International Conference on Intelligent Computation Technology and Automation. 2011，684－688.

[33] 曹楠，李刚，工冬青. 智能变电站关键技术及其构建方式的探讨［J］. 电力系统保护与控制，2013，39（05），63－68.

[34] 宋璇坤，李敬如，肖智宏等. 新一代智能变电站整体设计方案［J］. 电力建设. 2012，33（11），1－6.

[35] 宋璇坤，刘开俊，沈江. 新一代智能变电站研究与设计［M］. 北京：中国电力出版社，2014.

[36] 赵成勇. 柔性直流输电建模和仿真技术［M］. 北京：中国电力出版社，2014.

[37] 汤广福，贺之渊，，滕乐天等. 电压源换流器高压直流输电技术最新研究进展［J］. 电网技术，2008，32（22），39－44.

[38] A Lesnicar，R Marquardt. An innovative modular multilevel converter topology suitable for a wide power range［C］. IEEE Power Tech Conference Proceedings，Bologna，Italy，2003，3：277－277.

[39] 王兆安，黄俊. 电力电子技术［M］. 北京：机械工业出版社，2009.

[40] 周文定，亢宝位. 不断发展中的 IGBT 技术概述［J］. 电力电子技术，2007，41（09），115－118.

[41] 王伟，张粒子，舒隽等. 基于系统动力学的宏观层电网规划的仿真模型［J］. 中国电机工程学报，2008，28（04），88－93.

[42] 华瑶，赵辉. 基于灰色模糊的变电站建设效益评价模型［J］. 工业技术经济，2010，29（10），87－92.

[43] 王其藩. 系统动力学［M］. 上海：上海财经大学出版社，2009.

[44] 宋世涛，魏一鸣，范英. 中国可持续发展问题的系统动力学研究进展［J］. 中国人口、资源与环境，2004，14（2），42－48.

[45] 王其藩. 复杂大系统综合动态分析与模型体系［J］. 管理科学学报，1999，2（2），

15 - 19.

[46] 毛承雄. 电子电力变压器 [M]. 北京：中国电力出版社，2010.

[47] 张祥龙，周晖，肖智宏等. 电力电子变压器在有源配电网无功优化中的应用 [J]. 电力系统保护与控制，2017，45（04），80 - 85.

[48] X Shen，R Burgos，W Gangyao，et al. Review of solid state transformer in the distribution system: From components to field application [C]. 2012 Energy Conversion Congress and Exposition（ECCE），Releigh NC. United States，2012，4077 - 4084.

[49] L Heinemann，G Mauthe. The Universal Power Electronic Based Distribution Transformer，an Unified Approach [C] IEEE Annual Power Electronic Specialists Conference，Vancouver BC. Canada，2001，504 - 509.

[50] S Bhattacharya，T Zhao，G Wang，et al. Design and development of Generation-I silicon based Solid State Transformer [C]. 25th Annual IEEE Applied Power Electronics Conference and Exposition（APEC），Palm，Springs，Canada，2010，1666 - 1673.

[51] 刘宝龙，查亚兵. 未来能量互联的关键设备——固态变压器 [J]. 国防科技，2014，35（03），10 - 13.

[52] 王成山，罗凤章. 配电系统综合评价理论与方法 [M]. 北京：科学出版社，2012.

[53] W Henisz，A Swaminathan. Institutions and international business [J]. Journal of International Management. 2008，39（4），537 - 539.

[54] J Peppard. Customer Relationship Management（CRM）in financial services [J]. European Management Journal，2008，18（3），312 - 317.

[55] P J Laplaca. Contributions to marketing theory and practice from Industrial Marketing Management [J]. Journal of Business Research，1997，38（3），179 - 198.

[56] V Grover，SR Jeong，AH Segars. Information systems effectiveness: The construct space and patters of application [J]. Information &Management，1996，31（4），177 - 191.

[57] 张枫. 对现行建设项目经济评价方法的一些看法 [J]. 冶金经济分析，1991，6（12），41 - 44.

[58] 国家发改委，建设部. 建设项目经济评价方法与参数（第三版）[M]. 北京：中国计划出版社，2006.

[59] 张红斌，李敬如，杨卫红等. 智能电网试点项目评价指标体系研究 [J]. 能源技术经济，2010，22（12），11 - 15.

[60] 罗勇. 北京城市电网改造项目效益评估及风险分析［D］. 北京航空航天大学，2003.

[61] 周黎莎，李晨，余顺坤. 智能电网工程项目管理模型的系统动力学仿真研究［J］. 华东电力，2012，40（01），31－34.

[62] 周黎莎. 智能电网低碳效益关键指标选取与评价模型研究［D］. 华北电力大学，2013.

[63] 孔珺婷. 基于系统动力学的配电网投资效果评价［D］. 北京交通大学，2016.

[64] 中国国际工程咨询公司编著. 中国投资项目社会评价指南［M］. 北京：中国计划出版社，2004.

[65] 刘鉴民. 蓄冷空调与其他常用电网调峰方式调峰效益的比较研究［J］. 电网技术，1997（12），15－17.

[66] 罗卓伟，庄自超，赵子岩等. 大规模电动汽车参与调频服务收益评估方法［C］. 2012电力行业信息化年会，2012，95－99.

[67] 贺辉. "十二五"期间湖南电网电力负荷特性分析及其相关建议［J］. 电力需求侧管理，2017，19（03），39－42.

[68] 郭昱. 权重确定方法综述［J］. 农村经济与科技，2018，29（08），252－253.

[69] 王明涛. 多指标综合评价中权数确定的离差、均方差确定方法［J］. 中国软科学，1999（08），101－107.

[70] 曾乐宏，周晖，张祥龙. 基于区间数的多指标灰靶模型在智能变电站综合评价中的应用［J］. 水电能源科学，2014，32（12），182－185.

[71] 李滨，王亚龙. 基于多级可拓评价法的变电站建设项目功能效果后评价［J］. 电网技术，2015，39（4），1146－1152.

[72] 张道天，严正，韩冬等. 采用灰色聚类方法的智能变电站技术先进性评价［J］. 电网技术，2014，38（7），1724－1730.

[73] 李栋，董冰，宋宁希等. 新一代智能变电站整体方案的经济性模糊综合评价［J］. 电测与仪表，2014，51（5），96－100.

[74] 韩天祥，李莉华，余颖辉. 用 LCC 方法对 500kV 变电站改造的经济性评价［J］. 华东电力，2007，35（8），7－11.

[75] 王敬敏，朱益平. 基于模糊层次分析法的变电站建设项目节能综合评价研究［J］. 华东电力，2012，40（4），552－555.

[76] 陈艳波，刘洋，张籍等. 基于改进 SEC 模型的新一代智能变电站设计方案评价［J］. 电网技术，2017，41（4），1308－1314.

［77］ 肖艳丽. 基于云模型的智能变电站建设项目综合评价研究［J］. 中国电力企业管理，2016，34（2），33－37.

［78］ 栗然，李永彬，翟晨曦等. 基于集对分析和风险理论的变电站主接线综合评价［J］. 中国电力企业管理，2017，45（11），81－88.

［79］ 华遥，赵辉. 基于灰色模糊的变电站建设效益评价模型［J］. 工业技术经济，2010，29（10），87－92.

［80］ 刘彦斌. 变电站建设项目经济效益后评价研究［D］. 华北电力大学，2008.

［81］ 苏适，张征容，谢青洋. 智能变电站发展综述［J］. 云南电力技术，2021，49（05），6－8.

［82］ 钱照明，盛况. 大功率半导体器件的发展与展望［J］. 大功率变流技术，2010，22（1），1－9.

［83］ 钱照明，张军民，盛况. 电力电子器件及其应用的现状和发展［J］. 中国电机工程学报，34（29），5149－5161.

［84］ 廖怀庆，刘东，黄玉辉等. 基于大规模储能系统的智能电网兼容性研究［J］. 电力系统自动化，2010，34（2），15－17.

［85］ Steffen Bernet，Recent Developments of High Power Converters for. Industry and Traction Applications［J］. IEEE Transactions on Power Electronics，2000，15（6），1102－1117.

［86］ Gourab Majumdar，Future of Power Semiconductors［C］，Annual IEEE Conference on Power Electronics Specialists（PESC），2004，Aachen，Germany.

［87］ 中国 IGBT 简史__财经头条（sina. com. cn）.

［88］ 郑强. 电力电子变压器的新型拓扑结构和智能控制研究［D］. 武汉理工大学，2007.

［89］ 肖立业. 未来电网形态初探［J］. 电工电能新技术，2011，30（1），56－62.

［90］ 肖立业，林良真，徐铭铭等. 未来电网－多层次直流唤醒电网与"云电力"［J］. 2011（4），64－69.

［91］ 周忠宝，董豆豆，周经论. 贝叶斯网络在可靠性分析中的应用［J］. 系统工程理论与实践，2006，24（6），95－100.

［92］ 霍利民，朱永利，张在玲等. 贝叶斯网络在配电系统可靠性评估中的应用［J］. 电工技术学报，2004，19（8），113－118.

［93］ 王秋芳. 可靠性预计方法比较［C］. 2007 年全国机械可靠性学术交流会论文集，2007，浙江杭州，65－68.

[94] 周雷，刘章宇，高新东等．美国军用手册 217F 中的可靠性预计方法及其应用 [J]．电子质量，2008，18（4），81－82.

[95] https://www.deantechnology.com/history（迪安科技公司）.

[96] 王双成．贝叶斯网络学习、推理及应用 [M]．上海：立信会计出版社，2010.

[97] 王帆，顾洁，张宇俊．基于系统动力学的配电网规划评价 [J]．电力科学与技术学报，2011，26（2），77－83.

[98] 曹黄金，柴跃廷，刘义等．参数扰动对企业行为的影响 [J]．数学的实践与认识．2012，42（09），38－44.

[99] 李鹏博，田丽君，黄文彬，基于系统动力学的人口迁移重力模型改进及实证检验 [J]．系统工程理论与实践，2021，41（07），1722－1731.

[100] 中国认证中心．中国电网生产企业温室气体排放核算方法与报告指南（试行）解释 [M]．北京：煤炭出版社，2017.

[101] 中华人民共和国生态环境部（mee.gov.cn），2021－12－02，企业温室气体排放核算方法与报告指南 发电设施（2021 年修订版）.

[102] 刘振亚．国家电网公司输变电工程典型设计：10kV 和 380/220V 配电线路分册 [M]．北京：中国电力出版社，2007.

[103] 张爱萍，陆振纲，宋洁莹．应用于交直流配电网的电力电子变压器 [J]．电力建设，2017，38（06），66－72.

[104] Eicher S，Rahimo M，Tsyplakov E. 4.5 kV press pack IGBT designed for ruggedness and reliability [C]．39th IAS Annual Meeting．USA：IEEE，2004：1534－1539.

[105] Power System Technologies Committee of the IEEE Industry Applications Society．IEEE Std 493－2007 IEEE Recommended Practice for the Design of Reliable Industrial and Commercial Power Systems [S]．USA，2007.

[106] 曾嘉思，徐习东，赵宇明．交直流配电网可靠性对比 [J]．电网技术，2014，38（09）：2582－2589.

[107] 孔力，裴玮，叶华等．交直流混合配电系统形态、控制与稳定性研究 [J]．电工电能新技术，2017，36（9），1－10.

[108] 孙可，张全明，郑朝明等．能源互联网视角下的未来配电网发展 [J]．电工电能新技术，2020，30（1），1－8.

[109] 祁琪，姜齐荣，许彦平．智能配电网柔性互联研究现状及发展趋势 [J]．电网技术，

2020，44（12），4664－4674.

[110] 邱宇峰. 功率半导体器件在电网中的应用和发展展望［J］. 高科技与产业化，2011，17（1），57－59.

[111] 曹天植，檀政，湛耀等. 柔性变电站技术的研究［J］. 电力系统装备，2018，16（9），36－37.

[112] 李旖旎，江杰. 电力电子变压器及其在电力系统中的应用［J］. 中小企业管理与科技，2019，27（9），158－159.

[113] 庞博，侯丹，李天瑞. 中压多端口电力电子变压器技术研究［J］. 高压电器，2019，55（9），1－9.

[114] Yi Liu，Haibo Li，Zhanqing Yu etc. Reliability evaluation method for AC/DC hybrid distribution power network considering cascaded multiport power electronic transformer ［J］. IET Generation，Transmission & Distribution，2019，13（23），5357－5364.

[115] 于树伟. 电力电子变压器技术研究综述［J］. 科技经济导刊，2019，27（21），68－69.

[116] 尹丽梅，唐恒. 电力电子变压器技术专利分析［J］. 中国科技信息 2019，30（24），17－19.

[117] Funda Battal，Selami Balci b，，Ibrahim Sefa. Power electronic transformers: A review ［J］. Measurement，2021，171（2），1－13.

[118] 刘宏勋，徐海. 碳化硅电力电子器件及其在电力电子变压器中的应用［J］. 科学技术与工程，2020，20（36）：14777－14790.

[119] 李凯，赵争鸣，袁立强. 面向交直流混合配电系统的多端口电力电子变压器研究综述［J］. 高电压技术，2021，47（4），1233－1250.

[120] 王磊，程鹏. 光储一体化系统三级互联隔离型电力电子变压器研究［J］. 电网与清洁能源，2021，37（7），136－146.

[121] 高范强，李子欣，李耀华等. 面向交直流混合配电应用的 10kV－3MVA 四端口电力电子变压器［J］. 电工技术学报，2021，36（16），3331－3341.

[122] 王威望，刘莹，何杰峰. 高压大容量电力电子变压器中高频变压器研究现状和发展趋势［J］. 高电压技术，2020，46（10），3362－3373.

[123] 胡顺威，周晖等. 基于故障树的含柔性变电站配电网可靠性分析，电力系统保护与控制，2018，47（21）：25－31.

[124] 张祥龙，周晖，等. 电力电子变压器在有源配电网无功优化中的应用［J］. 电力系

统保护与控制, 2017, 45（4）: 180 – 85.

[125] Abdul Hadi Hanan, Xianglong Zhang, Fangze Zhou, Hui Zhou, Modeling Of micro-grid with power electronic transformer & its effects on ac system [C], 2021 IEEE 4th International Electrical and Energy Conference（IEEE CIEEC 2021）, 2021, Wuhan, China.

[126] Xianglong Zhang, Hui Song, Abdul Hadi Hanan, Fangze Zhou, Hui Zhou, Location and capacity determination of PET based on operation simulation of distribution network [C], IEEE CIEEC 2021, 2021, Wuhan, China.

[127] Xianglong Zhang, Fangze Zhou, Hui Zhou, Research on Reliability improvement strategy of distribution network with flexible substation [C], IEEE PES General Meeting 2021, 2021, Washington DC, Washington DC, United States.

[128] Jinghang Li, Hui Zhou, Comprehensive Benefit analysis of energy saving and loss reduction for flexible substation applied to active distribution network [C], The 2019 IEEE 3nd International Electrical and Energy Conference（CIEEC 2019）, Beijing, China, 2019, P1106 – 1110.

[129] Li Cong, Hui Zhou, Comprehensive benefits evaluation of flexible substation demonstration project based on system dynamics [C], 2nd International Conference on Artificial Intelligence and Engineering Application（AIEA2017）, Guilin, China, 2017.

[130] Hui Zhou, Optimization of Reactive power for active distribution network with power electronic transformer [C], Lisbon, EEM（International Conference of European Electricity Market）2015.

索　引